한 번만 읽으면 확 잡히는
고등 생명과학

한 번만 읽으면 확 잡히는
고등 생명과학

김미정 지음 **이현지** 그림

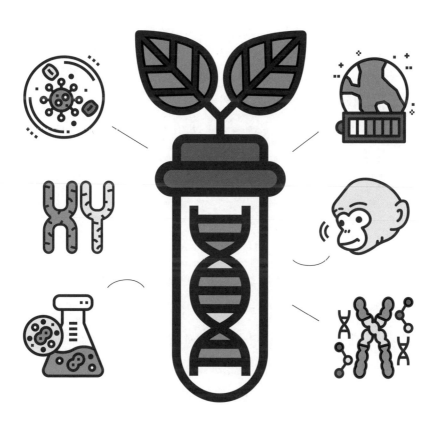

한ㄹ

생명과학에 초대받은 여러분 반가워요!

조금씩 맛보다가 이제 각을 잡고서 본격적으로 생명과학을 배우기 시작하는 여러분들의 모습이 눈에 보이는 것 같네요.

생명과학 이야기는 아무리 눈을 비비고 들여다봐도 보이지 않는 작은 세계에서부터 까치발을 하고 내다봐도 그 끝이 보이지 않는 커다란 생태계까지 공간을 넘나들어요. 지독한 자외선을 피해 깊은 바닷속을 외롭게 떠다니던 미토콘드리아가 세포 속으로 들어앉은 몇십억 년 전부터 수십조 개 세포로 이루어진 생명체가 넘쳐나는 지금까지 기나길게 이어진 시간을 다루기도 하죠. 엄청난 시공간을 넘나들며 지구라는 행성의 생명력을 담당하고 있는 생명체들의 다름과 같음, 다양함과 동일함을 깨우치는 즐거운 여정이 바로 생명과학을 배우는 과정이라고 생각합니다. 여러분과 함께 이 매력적인 여정을 함께할 수 있어서 설레요.

 생명과학은 우리 자신에 대한 이야기이기도 해서, 살아오는 동안 알게 모르게 스스로에게 질문을 던져왔답니다. 그래서 어느 순간 그 퍼즐들이 맞춰지면 "아하!" 하고 탄성을 내뱉게 되지요. 어느 부분이 탄성을 지를 곳인지, 그 킬링포인트를 함께 찾아보기로 해요.

 《한 번만 읽으면 확 잡히는 고등 생명과학》은 담담하게 사실을 서술하는 교과서 속에 숨은 흥미진진한 이야기를 발굴하여 들려드리고 있어요. 이야기를 시작할 때마다 각기 다른 이름이 등장하는데, 관련된 이야기를 풀어가는 데 영감을 준 학생들이랍니다. "얘들아~ 근데 있잖아~" 하며 중요한 이야기를 귓속말하듯 전할 때 숨죽이며 듣고 있던 학생들이기도 하구요.

 이야기의 말미에는 중요한 개념을 다시 체크해 볼 수 있도록 했어요. 정제된 문장에 핵심 요소를 추려 넣었죠. 바로 다음으로는 문제를 풀어보며 여러분이 이해한 게 맞는지 확인하고 확신을 가져볼 수도 있을 거예요.

 한정된 지면에 모든 이야기를 펼쳐놓을 수 없었다는 점이 아쉽기는 하지만, 생명과학을 하나하나 알아가는 데 조금이라도 기여할 수 있다는 것이 기쁩니다.

 이제 생명과학을 공부하는 게 아니라 사랑할 시간입니다.

김미정

Part 1. 생명과학의 이해: 생물이 되기 위한 조건은 무얼까?

Part 4. **유전: 생명을 연속시키는 바통 터치**

Chapter

1

생물의 특성

지금부터 나열하는 10개 단어의 공통점이 무엇인지 맞혀보세요. 기린, 도마뱀, 개미, 민들레, 고사리, 코끼리, 대장균, 곰벌레, 해파리. 너무 쉬웠나요? 정답은 모두 다 '생물의 이름'이라는 것이었습니다. 동물, 식물, 세균 등 생물의 종류는 정말 다양하고 복잡해요. 아직 발견하지 못한 생물까지 합친다면 그 다양성은 상상을 초월할 거예요.

생물들은 다양한 모습을 가지고 다양하게 행동하지만 모두 단 하나의 목표를 추구하고 있답니다. 바로 생존과 번식이에요. 만약 생존과 번식을 추구하지 않는 생물이 있다면 어떻게 되었을까요? 당연히 도태되어 지금까지 살아남지 못했겠죠. 그렇다면 생물은 생존과 번식을 위해 어떤 공통 특성을 보일까요? 지금부터 하나하나 알아보도록 해요.

세포에서 시작하다

철수는 친척이 수술 부작용으로 돌아가셨다는 소식을 들었어요. 뇌의 혈관이 터져서 뇌의 세포들이 죽고, 결국은 죽음에 이르렀다고 합니다. 우리 몸에서 극히 작은 부분을 차지하는 세포들이 죽었을 뿐인데 사람을 죽음에까지 이르게 하는 이유가 무엇일까요? 철수는 궁금해졌습니다.

그렇다면 먼저, 세포는 무엇일까요? 생물체가 보여주는 다양한 특성 중에 가장 중요하다고 할 만한 특성이 바로 '모든 생명체는 세포로 구성되어 있다'라는 것이랍니다. 무생물들은 가지지 못하는 특성이기 때문이죠. **세포는 생물을 구성하는 구조적 단위이면서 생명활동이 일어나는 기능적 단위**라고 해요. 이 말은 생명체의 크기에 상관없이 모든 생물은 작은 세포들이 모여서 생물체가 되고, 세포가 기능을 제대로 수행해야만 생물체의 기능이 제대로 수행되는 상태가 된다는 의미에요.

세포가 의미하는 바는 무엇일까요? 모든 세포는 세포막에 의해 외부 환경과 구분됩니다. 세포막으로 둘러싸인 복제 체계인 세포는 환경과 분리돼요. 세포막의 내부는 '나', 세포막의 외부는 '환경'으로 구분하는 단위이지요. 그리고 세포 속에는 일꾼과도 같은 효소들이 다양하게 많이 존재하고 있어서 여러 가지 기능을 수행해요. 세포가 살아가는 동안 필요한 정보를 가지고 있는 DNA를 포함하고 있다는 공통적인 특성도 있어요. 세포는 생존과 번식을 위한 모든 일을 하는 셈입니다.

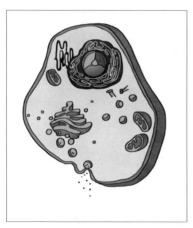

진핵세포(유전 물질이 핵막에 의해 싸여서 핵 안에 있다)

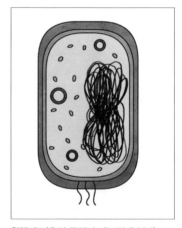

원핵세포(유전 물질이 세포질에 있다)

막으로 싸여서 외부 환경과 다른 내부 환경을 유지하는 세포

우리의 몸을 구성하는 세포는 그 모양이 다양하고, 개수는 수십 조 개에 달할 정도로 많아요. 그리고 이 세포들이 모두 제 기능을 수행해야만 우리의 신체가 건강하다고 말할 수 있답니다.

생물에서 일어나는 화학 반응, 물질대사

생명과학 선생님께서 "우리는 왜 먹어야 할까요?"라는 질문을 하셨을 때, 민환이는 아무 생각 없이 "살려고요~"라며 성의 없는 답을 했어요. 그런데 마치 유치원생을 격려하듯 "맞아요."라고 하시는 거예요. 야단이나 핀잔을 들을 것이라 예상했던 것과는 다른 반응에 민환이는 조금 놀랐습니다. 살기 위해 먹는다는 게 틀린 말은 아니지만 먹는 것이 어떤 과정을 통해 생명체가 살아가는 데 도움을 주는 걸까요? 민환이는 궁금한 마음에 좀 더 선생님 말씀에 귀를 기울이게 되었어요.

생물체를 구성하고 있는 기본 단위인 세포 내에서 무슨 일이 일어나기에 세포가 기능을 제대로 수행하지 못하면 생물체가 죽을 수도 있다고 하는 것일까요? 세포 내에서 일어나는 일은 일종의 화학 반응이라고 할 수 있어요. 세포 내부에 있는 분자들이 서로 반응하며 계속 바뀌고 있기 때문이지요. **세포 내부에서 일어나는 화학 반응은 물질이 분해되거나 합성되는 반응들**이에요. 세포 내에서 일어나는 이러한 반응을 **물질대사**라고 하며, 그 과정을 분해나 합성이라는 말보다는 **이화작용** 또는 **동화작용**이라고 불러요. 화학 반응이니까 같은 용어를 쓰면 될 텐데 군이 생소한 다른 용어를 사용하는 이유가 무엇일까요? 그것은 일반적인 화학 반응과 세포 내에서 일어나는 화학 반응이 다른 특성을 가지기 때문입니다.

생물에게서 일어나는 물질대사는 같은 화학 반응이라 하더라도 실험실 실험과 세포 내에서 일어날 때 다른 부분이 있어요. 높은 온도를 요구하는 실험실 실험과 달리 세포 내에서 일어날 때는 체온과 같은 낮은 온도에서도 일어날 수 있다는 거죠. 어떻게 같은 화학 반응이 더 낮은 온도에서 일어날 수 있을까요? 그에 대한 답은 바로 **효소**가 가지고 있어요. 효소는 주로 단백질로 구성되어 있으며, 화학 반응이 시작되는 데 필요한 활성화 에너지를 낮추는 촉매의 역할을 합니다.

화학 반응은 물질들이 서로서로 만나야 시작되는데, 온도가 낮으면 물질들의 운동 에너지가 낮아서 서로 잘 만나지 못해요. 그런데 덩치가 큰 단백질로 구성된 효소는 물질들끼리 잘 만나게 해줘요. 합성을 시키거나 스스로 물질과 만나 분해를 시키기 쉬우므로 낮은 온도에서도 화학 반응이 일어나게 해주는 거예요. 세포 내의 모든 반응에는 효소가 관여하므로 체온과 같이 낮은 온도에서도 재빠르게 반

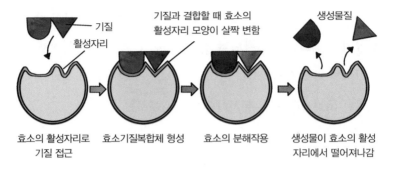

효소의 활성자리로 기질 접근   효소기질복합체 형성   효소의 분해작용   생성물이 효소의 활성
자리에서 떨어져나감

효소에 의해 물질이 분해되는 과정

응이 일어날 수 있는 거죠.

세포 내에서 일어나는 물질대사 중 분해 반응인 **이화작용**의 대표적인 예는 **포도당이 물과 이산화탄소로 분해되는 세포 호흡**을 들수 있어요. **동화작용**의 대표적인 예로는 **식물 세포의 엽록체에서 빛에너지를 흡수하여 포도당을 합성하는 광합성**을 들 수 있지요. 세포 호흡이 일어나면서 포도당에 들어있던 에너지가 방출되고, 그 에너지를 체온 유지와 세포의 여러 작용이 일어나는 데 사용한답니다. 광합성 과정에서는 빛 에너지를 흡수해서 포도당이라는 유기물을 화학 에너지의 형태로 저장하게 됩니다.

세포 내에서 물질대사가 제대로 일어나지 않으면 무슨 일이 일어날까요? 살아가는 데 필요한 에너지를 얻을 수가 없으므로 세포가수행하는 모든 과정이 멈추게 됩니다. 이런 식으로 세포 하나하나가기능을 수행하지 못하고 죽게 되면 개체의 생명에도 큰 위협이 가해지는 거예요.

이처럼 우리가 살아가는 과정에는 입으로 먹은 양분이 세포 내로 들어가서 에너지를 생산하고, 그 에너지가 세포의 정상적 기능에 사용되는 생명 활동이 포함되어 있어요. 모든 세포가 정상적으로 기능을 수행해야만 생명체가 정상적으로 살아갈 수 있답니다.

우리는 계속 변해가요, 발생과 생장

〈살아있는 화석 트리옵스 키우기〉 키트를 구매한 하연이는 신기한 생물체인 트리옵스를 볼 생각으로 기대에 차서 상자를 열었지만, 곧 실망하고 말았어요. 상자 속 어디에도 트리옵스로 추정되는 것은 없었고, 라면 수프를 조금 담아둔 것 같은 봉지에 '트리옵스'라고 쓰여 있기만 해서였습니다. 하지만 주의사항에 맞추어 부화 장치를 설치한 후 3일이 지나자, 뭔가 작은 것이 꼬물꼬물 헤엄치는 게 보이기 시작했어요. 그리고 하루가 다르게 무럭무럭 자라서 3cm가 넘게 커 갔습니다. 눈에 겨우 보일 듯한 크기의 알에서 어떻게 트리옵스가 자라나오는 것일까요?

트리옵스가 생물체인 것은 시간이 지나면서 변화되어 가는 과정을 통해 확인할 수 있습니다. 이렇듯 생물체는 변화를 관찰해야만 그 특성을 파악할 수 있는 거예요. 트리옵스가 보여준 생명 현상의 특성

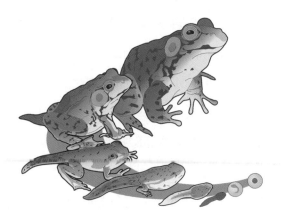

개구리의 발생과 생장 과정

은 바로 **발생**과 **생장**입니다. 하나의 수정란이었던 것이 세포 분열로 세포 수를 늘리고 다양한 모습과 기능을 가진 세포들로 변해가면서 하나의 개체가 되는데, 이러한 과정을 발생이라고 합니다. 그리고 발생 과정을 통해 태어난 어린 개체가 세포 수를 늘려가면서 몸을 키워가는 것을 생장이라고 합니다.

단세포 생물들은 하나의 세포가 살아가는 데 필요한 모든 생명 활동을 수행하기 때문에 세포들이 다른 모습으로 변하지 않아요. 많은 수의 세포로 구성된 다세포 생물체는 세포 간의 분업을 통해 생명 활동을 수행하기 때문에 다양한 세포로의 변화가 이루어지게 됩니다. 이렇게 하나의 세포가 변화하는 과정을 세포의 분화라고 하고, 각 세포가 분화하여 여러 세포로 구성된 완전한 개체로 변해가는 과정을 발생이라고 하는 것입니다. 발생의 대표적인 예로는 '앞다리가 쏙~

뒷다리가 쏙~'이라는 〈올챙이와 개구리〉의 가사처럼 올챙이가 개구리로 변해가는 과정을 생각해 보면 돼요.

발생 과정을 거치면서 처음에는 무엇으로든 변화할 수 있는 능력을 갖추고 있던 세포는 점차 특정한 기능만을 수행하는 세포로 변해 갑니다. 분화는 세포가 특정 기능을 획득하게 되는 과정이라고도 할 수 있지만, 다양한 가능성을 잃어가는 과정이라고도 할 수 있어요.

그리고 분화된 세포들이 세포 분열을 통해 그 수를 늘림으로써 개체의 크기가 커가는 과정이 생장이에요. 생장을 위해서 세포의 숫자를 늘리는 방식을 취하고 세포가 커지는 방식을 사용하지는 않아요. 이는 세포의 부피가 커지면 단위 부피에 대한 표면적이 작아져서 세포 내외로 물질이 이동할 수 있는 면적이 줄어들기 때문이에요. 이 면적이 줄어들면 세포를 부양하는 데 어려움이 생깁니다.

발생과 생장 과정은 정확하게 구분되어 일어나는 게 아니라, 발생 과정에 생장을 동반하고 발생이 끝난 후에도 생장이 계속되는 거예요. 이렇게 생명체는 처음의 모습을 그대로 유지하지 않고 계속 변해 갑니다.

안정적인 생명 활동의 조건, 반응과 항상성

민상이는 화분에 심어진 미모사를 건드리면서 학교에서 있었던 일을 떠올렸습니다. 친구랑 눈 깜빡이지 않기 게임을 하고 있었는데 아무리 눈을 부릅뜨고 있어도 눈앞에 손이 왔다 갔다 하면 계속 눈을 뜨고 있는 게 불가능했어요. 건드리기만 하면 잎을 재빠르게 접어버리는 미모사가 마치 눈을 깜빡거리고 마는 자신 같다는 생각이 들었습니다. 민상이는 왜 눈을 깜빡거리고 말았을까요?

세포는 자신의 기능을 수행하면서 더불어 생물체도 유지하고 있기 때문에, 세포 내의 화학 반응이 잘 수행되기 위해서는 적절한 세포 내 환경이 유지되어야 합니다. 그러나 생물체가 접하고 있는 환경은 계속 변하며, 세포가 접하고 있는 환경 또한 계속 변하고 있지요.

그래서 생물체는 변화하는 환경에 반응해서 적절하게 변화해야만 한답니다.

생물체가 겪게 되는 환경의 변화를 자극이라고 하고, 그에 대해 **생물체가 보이는 변화를 반응**이라고 해요. 그리고 생물체가 보이는 반응 중에서 **생물체 내 환경을 일정하면서 좁은 범위 내로 유지하려는 성질**이 있는데 이를 **항상성 유지**라고 합니다. 대표적으로 항상성이 유지되는 특성으로 체온, 체내 삼투압(체액의 농도), 혈당량 등이 있어요.

미모사와 파리지옥
외부자극에 대해 빠르게 반응하며 자신을 보호하거나 양분을 얻는 전략을 사용하는 식물들

자극에 대한 반응과 항상성은 식물과 동물 중 어디에서 더 다양하게 관찰될 수 있을까요? 아무래도 몸이 특정 장소에 고정되어 고착 생활을 하는 식물보다는 움직임을 통해 계속 변화하는 환경에 노출된 동물에게서 더 적극적으로 나타나겠지요? 식물의 경우에는 미모사의 잎이나 파리지옥처럼 반응이 즉각적인 경우도 있지만, 대부분은 빛을 향해 굽어 자라거나 잎의 모양이 변하는 등 형태의 변화를

통해 천천히 반응을 보이는 경우가 많아요. 그에 비해 동물은 신경계와 호르몬을 이용하여 재빠르게 조절하는 장치가 발달했습니다.

우리 몸은 날카로운 것에 찔리면 재빠르게 몸을 움츠리기도 하고, 여름에 기온이 올라가거나 운동을 하면 땀을 분비하여 체온을 일정하게 유지하고, 물을 많이 마시면 오줌의 양을 늘려 체내 수분량을 조절하기도 하면서 자극에 대해 반응하고, 항상성을 유지하고 있답니다.

생식과 유전으로 생명이 연속되다

강아지를 좋아하는 현지는 빨리 주말이 오기를 손꼽아 기다리고 있어요. 시골에서 키우는 복실이가 새끼를 네 마리나 낳았다는 소식을 들었기 때문이에요. 그런데 사진으로 본 복실이의 새끼들은 신기하게도 하얀 털의 어미와는 다르게 갈색에 커다란 점박이가 있는 모습이었어요. 동네를 다니다 보면 누가 강아지들의 아비인지 알 수 있으려나요?

여러분도 현지처럼 애완동물이 새끼를 낳아서 신기해하던 경험을 한 적이 있을 거예요. 그런데 만약 모든 생물이 자손을 생산하지 않는다면 어떻게 될까요? 아마도 약 35억 년 이상 지구에 유지되던 생명의 역사는 끊어지고 말 것입니다.

생물은 한 세대에서 다음 세대로 몸을 만들기 위한 정보를 전달합니다. 무생물은 따라 하지 못하는 특성이지요. 모든 생물은 수명이 유한하므로 한 개체는 언젠가 죽지만 그 종은 계속 유지됩니다. 이는 생물이 자신과 닮은 자손을 만들어 대를 유지하기 때문이에요. 이처럼 **생물이 자손을 만드는 현상**을 **생식**이라고 해요.

생식의 방법은 다양합니다. 단세포 생물은 세포 분열이 곧바로 생식으로 이어져요. 하지만 다세포 생물은 몇몇 세포들만을 성적으로 특수화하여 새로운 유전적 정보를 한 세대에서 다음 세대로 전하는 통로 역할을 맡게 합니다. 포자나 정자, 난자 등이 그에 해당해요.

생식으로 태어난 자손은 어버이의 형질을 물려받아 어버이를 닮는데, 이는 유전 물질이 자녀 세대로 전달되어 나타나는 거예요. 이

다양한 개들의 모습 생식과 유전 때문에 다양한 형질이 가능하다

처럼 **어버이의 형질이 다음 세대로 전해지는 현상**을 유전이라고 합니다. 복실이의 새끼들이 갈색 점박이를 가진 것도 아비 개의 유전 물질을 전달받아서 그 형질을 닮게 된 거예요.

생물은 생식과 유전을 통해 종족을 유지해요. 그리고 특히 유성 생식의 경우 생식과 유전 과정에서 변이를 수반하게 되고 이로 인해 생물체는 다양성을 갖게 됩니다.

변화에 대처하는 자세, 적응과 진화

최근 지구 곳곳에서 홍수나 가뭄 등과 같은 이상 기후에 의한 피해가 빈번하게 보고되고 있다는 뉴스를 보면서 주빈이는 무서워지기 시작했습니다. 이상 기후의 원인은 온실 효과라고 해요. 1900년대 산업화 시대 이후, 온실 효과 때문에 지구의 평균 기온이 1℃ 올랐고, 21세기 동안에 더욱 올라서 평균 기온이 적어도 3℃ 증가할 거라고 내다본다는 거예요. 이상 기후 때문에 영화 〈투모로우〉처럼 온 세계가 꽁꽁 얼어붙어 버리면 어쩌나 하는 걱정이 커져만 갑니다.

변화하는 지구 환경 때문에 멸종의 위기를 겪는 생물 종들이 늘어가고 있습니다. 하지만 지구의 오랜 역사 동안 이러한 변화는 계속되어 왔어요. 만약 그때마다 생물 종들이 모두 멸종되었다면 지금과 같은 다양한 생물 종은 남아 있지 않았을 겁니다. 어떻게 그러한 변화에도 생명은 연속되어 올 수 있었을까요?

생물체는 다른 생물체 및 물리적 환경과 서로 영향을 주고받습니다. 나미브 사막에 사는 딱정벌레는 비가 거의 내리지 않는 환경에 살아요. 생존을 위해 머리를 거꾸로 세우는 행동을 해서 안개로부터 물방울을 얻습니다. 사막에 사는 선인장도 체내 수분을 빼앗기지 않기 위해 잎이 가시로 변했지요. 이처럼 생물체들은 자신을 둘러싼 환경에서 생존에 알맞은 방식을 채택하면서 다양한 지구 환경만큼이나 높은 다양성을 유지하고 있어요.

이처럼 **서식 환경 조건에 따라 생물의 형태, 기능, 생활 습성 등이 변하여 생물의 특징이 되어가는 과정**을 적응이라고 합니다. 그리고 **여러 세대를 거치면서 유전자가 다양하게 변화되어 생물의 구조와 기능이 변할 뿐만 아니라 새로운 종이 나타나는 현상**을 진화라고 해요. 적응과 진화의 결과 오늘날과 같이 다양한 종류의 생물이 나타나게 되었답니다.

환경의 변화에 대처하는 생물체의 특성을 보면 한 개체가 즉각적으로 보이는 반응이 있어요. 하지만 적응과 진화는 즉각적 반응이 아니라 장시간 지속된 변화에 대한 반응으로, 다양성을 통해 환경의 변화에 대처하는 것이랍니다. 이러한 다양성은 지구상에서 생명이 연속되어 올 수 있었던 중요한 원인이에요. 환경에 대해 다양한 적응과 진화는 바로 무생물이 가지지 못하는 생물의 중요한 특성이라고 할 수 있어요.

생명을 빌려 쓰는 바이러스는
생물일까 무생물일까?

결핵, 콜레라, 장티푸스와 독감, 메르스, 에이즈, B형 간염의 차이점은 무얼까요? 모두 다 사람을 괴롭히는 질병이지요. 하지만 이 질병들은 서로 원인이 다르답니다. 결핵, 콜레라, 장티푸스는 세균에 의해 발생하는 질병이지만, 독감, 메르스, 에이즈, B형 간염은 바이러스에 의한 질병이에요. 세균과 바이러스는 둘 다 현미경으로 관찰하기 힘들 정도로 적다는 공통점이 있지만, 생물의 한 종류인 세균과 달리 바이러스는 생물이라고 하기는 부족해요.

바이러스는 1892년 담배 모자이크병을 연구하던 중 세균 여과기에 걸러지는 세균보다 작은 크기의 병원체를 발견하며 관심을 받기 시작했습니다. 이후 구조 및 증식 과정의 특징이 규명되었지요. 바이러스는 단백질 성분의 껍질과 DNA나 RNA의 핵산으로 구성된 중심부로만 구성되어 있고, 생체 밖에서는 물질대사를 할 수 없는 단백질 결정의 형태로 존재해요.

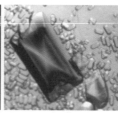

담배 모자이크병과 질병의 원인인 결정형의 TMV(Tobacco Mosaic Virus, 담배 모자이크 바이러스)

앞에서 살펴본 생명 현상의 특성에 비추어 보면 바이러스는 세포로 구성되어 있지도 않고, 물질대사를 할 수도 없으며, 자극에 대한 반응도 없고, 스스로 증식도 할 수 없으니 **비 생물적 특성**이 있다고 말할 수 있어요. 하지만 DNA 또는 RNA라는 유전 물질을 가지고 있고, 이를 숙주 세포 내로 유입시키고 난 후라면 애기가 확 달라집니다. 숙주 세포 내로 들어간 유전 물질은 숙주 세포의 효소를 이용하여 새로운 바이러스를 만드는 정보를 제공합니다. 이 과정을 통해 바이러스의 수를 엄청나게 늘리게 되고, 심지어 원래의 바이러스와 다른 변이를 만들기도 하지요.

바이러스를 생물이라고 하기는 어려워요. 하지만 숙주 내부로 유전 물질만 주입하고 나면 마치 스위치가 켜지듯 자신만을 위한 **생물**

적 특성을 발휘하기 시작하기 때문에 생물이 아니라고 하기에도 애매하죠. 그래도 생물을 이용하고 생물체에서 소통될 수 있는 유전 정보를 가지고 있기에 생명과학의 연구 대상이 되는 거예요. 딱 잘라서 생물이다 아니다 말하기 어려우니 "바이러스는 생물적 특성과 비 생물적 특성을 모두 가지고 있다"라고 두리뭉실하게 말할 수밖에 없겠네요.

- **세포는 구조적, 기능적 단위**

  물질의 구성단위를 물질의 성질을 가진 분자라고 하듯이, 모든 생물의 구성단위는 생명체의 특성을 가지는 세포라고 해요. 생명체는 세포가 제 기능을 해야만 무사히 살아갈 수 있어요.

- **효소가 촉매하는 물질대사**

  물질대사는 세포에서 일어나는 화학 반응이며, 효소에 의해 활성화 에너지가 낮아져서 체온에서도 일어날 수 있는 반응이에요. 광합성이나 단백질 합성과 같이 에너지가 있어야 하는 동화작용과, 세포 호흡이나 소화와 같이 에너지가 방출되는 이화작용이 있습니다.

- **자극에 대한 반응과 항상성**

  외부 환경의 변화에 대해 대처하기 위해 내부 환경을 빠르게 변화시키는 것을 자극에 대한 반응이라고 해요. 이러한 반응 중에서 세포 내 온도, 삼투압, pH 등의 환경을 일정하게 유지하는 성질을 항상성이라고 합니다.

- **다세포 생물과 단세포 생물의 발생과 생장**

  다세포 생물은 하나의 세포가 분열하면서 생물체의 몸이 커지는 생장과 다양한 세포가 만들어지면서 완전한 생명체가 되어가는 발생을 거친답니다. 단세포 생물은 하나의 세포가 모든 기능을 수행하고 있고, 세포 수가 늘어나는 것은 생식이 되니까 발생과 생장이 일어난다고 할 수가 없어요.

- **생명이 지속된 이유, 생식과 유전**

  생식은 개체 수를 늘리는 방법을 말하며 무성 생식과 유성 생식이 있어요. 유성 생식은 유전자 조합이 다양하게 일어나서 자손의 다양성을 더 키우게 됩니다. 이렇게 자손이 만들어지면서 부모 세대의 형질 특성이 자손에게 전달되는 것을 유전이라고 해요.

- **환경에 맞게 변해가는 적응과 진화**

  지속적인 환경 변화가 일어나면 그에 대한 생물의 적응 현상이 있습니다. 적절하게 적응한 개체군의 경우 원래의 개체군과는 다른 변화를 경험하게 되는 진화가 일어납니다. 이러한 변화가 누적되다 보면 다른 종으로 변하기도 하지요.

- **바이러스의 생물적 특성과 비 생물적 특성**

  바이러스는 유전 물질을 가지고 있으며 숙주 내에서 증식과 변이를 할 수 있는 생물적 특성을 가집니다. 하지만 세포로 구성되지 않고, 스스로 물질대사를 하지 못하며, 자극에 반응 하지 못하는 비 생물적 특성도 가지고 있어요.

Chapter
2

생명과학의 탐구 방법

찰스 다윈은 21살의 나이에 전 세계를 항해하며 다양한 생물을 만나는 경험을 했어요. 어떻게 생물은 모두 다른 모습을 한 걸까? 다윈은 자신의 궁금증을 해결하기 위해서 30년 가까이 자료를 수집하기 시작했어요. 그렇게 탄생한 것이 다윈의 진화론입니다.

수도사 멘델은 콩을 수확하며 이상한 점을 발견했어요. 분명히 황색 완두콩만 밭에 심었는데, 수확 후 녹색의 완두콩이 간간이 있는 거였어요. 이유를 고민하던 멘델은 부모로부터 자식에게 색깔을 결정하는 입자가 전달되는 게 아닐까 생각했지요. 그래서 수천 개의 완두콩을 일일이 세어가면서 통계를 내는 과정을 수년 동안 수행하게 되었습니다. 이렇게 탄생한 게 멘델의 유전 법칙이에요.

생명과학에서 너무도 소중한 발견인 진화론과 유전 법칙이 탄생하는 과정을 보았습니다. 그런데 두 이론이 탄생하는 과정은 탐구 방법이 다르답니다. 다윈은 결론이 어떻게 날지 모르는 상황에서 오랜 기간 자료를 모으고, 거기서 규칙성을 발견해서 이론을 세웠어요. 하지만 멘델은 관찰을 바탕으로 결론을 먼저 생각하고, 자신의 생각이 맞을지 검증해 보는 실험을 수행한 후에 이론을 세웠습니다. 어떤 차이가 있는지 눈치챘나요? 다윈과 멘델뿐만 아니라 다른 과학자들도 탐구 과정을 거쳐 생명과학의 여러 이론을 세워왔어요. 어떤 방법을 사용하는지 한번 배워보도록 해요.

자료 속 규칙 찾기, 귀납적 탐구 방법

　민주는 학교에서 열리는 과학 자율탐구대회의 생명과학 분야에 참가하기로 했습니다. 실험 시간마다 실험 기구를 꼼꼼하게 잘 다룬다는 평을 들어왔기 때문에 잘 해낼 것 같은 생각이 들었거든요. 그런데 막상 무엇을 탐구해야 할지 주제를 정하는 것부터 안갯속을 헤매는 기분이었어요. 실험을 잘하면 탐구도 잘할 줄 알았는데 생각대로 일이 안 풀리네요. 시간은 자꾸 가는데 어떻게 해야만 할까요?

　자연 현상을 관찰하다가 무언가 의문이 생기면, 다양한 방법으로 해결할 수 있어요. 하지만 경험만을 바탕으로 해결하고자 할 때는 잘못된 방향으로 갈 수도 있어요. 과학적으로 해결한다는 건 논리적이고 합리적인 절차로 결론을 도출해 내는 것입니다.

　생명과학의 탐구 방법은 크게 두 가지로 나눌 수 있어요. 문제에 대한 잠정적 결론을 세운 뒤 가설을 검증해 나가는 가설 유도 과학에 해당하는 **연역적 탐구**와, 관찰 결과를 종합하여 일반적인 결론을 끌어내는 발견 과학에 해당하는 **귀납적 탐구**가 그것입니다. 과학자들 대부분은 이 두 가지 방법을 혼합해서 사용해요.

귀납적 탐구를 통해 이론을 세운 대표적인 사례로는 다윈의 '진화론'과 모든 생명체는 세포로 구성되어 있다는 '세포설' 정립 과정이 있습니다. 다윈이 수십 년 동안 자료를 모으고 비교하고 종합하여 결론을 끌어내고, 현미경을 이용하여 많은 생물에서 세포를 발견하면서 세포가 모든 생물체의 기본 단위라는 결론을 내리게 된 것이지요.

문제를 해결하는 과정에서 귀납적 방법은 주제에 적합한 많은 관찰 자료를 요구해요. 적절한 방법을 고안하여 절차에 따라 관찰을 수행하며 규칙성을 찾아 문제에 대한 결론은 마지막에 내리게 됩니다.

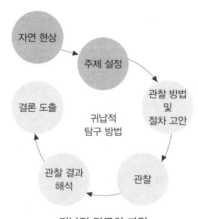

귀납적 탐구의 과정
주제에 대해 관찰하고 자료를 수집한 후 결론을 내린다

가설이 중요해, 연역적 탐구 방법

배가 갑자기 아파본 적이 있나요? 그럴 때 어떤 생각을 했나요? '왜 배가 아프지? 아침에 먹은 음식이 상했나?'와 같은 생각을 자연스럽게 해봤을 거예요. 이 속에 연역적 탐구 과정의 시작이 포함되어 있습니다. 바로 **문제 인식**과 **가설 설정**이지요. 연역적 탐구는 생명과학을 탐구할 때 많이 이용하며, 문제에 대한 잠정적 결론인 가설을 먼저 설정한 후 이 가설이 맞는지를 검증하는 탐구 방법이에요.

우리는 일상에서 수많은 문제 상황에 직면합니다. 그럴 때 문제의 원인을 설명할 수 있는 잠정적인 결론을 내리는데, 이것을 가설이라고 해요. 가설을 세운다는 게 귀납적 탐구와의 가장 큰 차이점이라고 할 수 있는데, 가설을 세움으로써 문제를 해결하기 위한 방향이 명확해집니다.

가설에는 원인과 결과가 표현돼요. 실험을 설계하는 과정에서 원인에 해당하는 것이 **조작변인**, 결과에 해당하는 것이 **종속변인**입니다. 변인을 찾아내어 적절히 통제하고 측정하는 과정을 설계하는 게 **탐구 설계** 과정이에요. 탐구 설계에 따라 탐구를 수행한 후 나온 결과를 분석하여 결론을 내리고 가설과 일치 여부를 비교하면 됩니다. 일치하지 않을 때는 가설을 재설정하여 같은 절차를 거치게 되며, 가설과 일치하면 **일반화** 과정을 거치게 되지요.

탐구 결과가 타당성을 가지려면 조작을 가하지 않은 집단인 **대조군**을 설계하여 실험군의 결과에 대한 신뢰도를 높이도록 해야 한답니다. 상한 우유를 먹은 실험군이 모두 배탈이 났다고 하더라도 상한 우유 때문에 배탈이 난다고 결론을 내릴 수는 없어요. 조작변인을 가

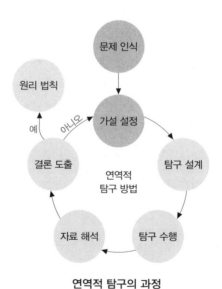

연역적 탐구의 과정
문제에 대해 잠정적 결론인 가설을 세우고, 가설을 검증하여 결론에 이른다

하지 않은 상하지 않은 우유를 먹은 대조군에서 배탈이 나지 않았다는 실험 결과가 반드시 함께 나와야만 결론에 대해 신뢰할 수 있어요.

생활하면서 간단하더라도 의문이 생긴다면 탐구 절차를 따라서 탐구를 수행해 본다면 여러분 자신만의 지식을 가지게 될 거예요.

- **귀납적 탐구**

    어떤 현상에 대해 문제를 발견하고, 그 문제를 해결할 수 있
    는 자료를 수집하여 분석한 후 결론을 내리는 탐구 방법이에
    요. 대표적으로 다윈의 진화론이 있어요.

- **연역적 탐구**

    어떤 현상에 대해 문제를 발견한 후, 잠정적인 해답인 가설을
    설정하고 그 가설이 옳은지 그른지를 검증해 나가는 탐구 방
    법입니다. 귀납적 탐구와 연역적 탐구는 정확하게 구분되어
    실시되기보다는, 귀납적 탐구 결과 나온 결론을 통해 의문을
    생성하고 가설을 설정해서 연역적 탐구를 하는 등 연결성을
    갖고 진행되는 경우도 많답니다.

- **가설**

    의문을 해결하기 위해서 원인과 결과를 생각한 후, 문제에 대
    한 잠정적인 답 또는 잠정적인 결론을 세우는 것을 가설이라
    고 합니다.

01 생명체가 나타내는 생명 현상의 특성에 대한 예를 나열해 보았습니다.
각각은 어떤 생명 현상의 특성을 나타낸 것일까요?

─〈보기〉─

ㄱ. 색맹인 어머니로부터 색맹인 아들이 태어난다.

ㄴ. 뜨거운 물체에 손이 닿으면 반사적으로 손을 뗀다.

ㄷ. 선인장은 사막에 적응하여 잎이 변한 가시를 가진다.

02 다음은 철수가 수행한 연역적 탐구 과정을 적은 것입니다.

- 소화 효소 X는 녹말을 분해할 것이라는 가설을 세웠다.
- 같은 양의 녹말 용액이 들어있는 시험관 I과 II를 준비한 후, 표와 같은 조건으로 물질을 첨가하고 37℃에서 반응시켰다.

시험관	I	II
첨가한 물질	㉠	㉡

- 실험 결과 시험관 II에서만 녹말이 분해되었다.
- 소화 효소 X는 녹말을 분해한다는 결론을 내렸다.

이 탐구 과정의 결과와 결론을 얻기 위해 ㉠과 ㉡에 첨가하는 물질로 적절한 것은 무엇일까요?

• 정답 및 해설 •

1. ㄱ. 색맹인 어머니의 유전자가 아들에게 전달되어 일어나는 현상은 **생식과 유전**입니다.

   ㄴ. 뜨거운 것을 느끼어 이에 대해 반응을 보이는 것은 **자극과 반응**입니다.

   ㄷ. 선인장의 가시가 환경에 적절한 형태를 가지게 된 것은 **적응과 진화**에 해당합니다.

2. 철수가 세운 가설 '소화 효소 X는 녹말을 분해할 것이다'를 검증하기 위해한 조작변인은 소화 효소 X이며, 종속변인은 녹말의 분해 여부가 됩니다. 그래서 실험군은 녹말 용액에 소화 효소를 가한 것이고, 대조군은 조작변인인 소화 효소를 가하지 않은 것이죠. 실험 결과 시험관 II에서 녹말이 분해되었으므로 실험군은 시험관 II이며, 시험관 I은 대조군이라는 것을 알 수 있습니다. 그래서 ㉠에는 **녹말 용액**을 ㉡에는 **녹말 용액과 효소**를 넣어주는 것이 적절합니다.

Chapter
3

생명 활동과 에너지

빵을 만들거나 만드는 것을 지켜본 적이 있나요? 효모 가루를 넣으면 밀가루 반죽이 점점 부풀어 오르고 빵으로 구워내면 부드러워집니다. 그런데 효모와 사람에게 공통점이 있다고 하네요. 사람과 빵을 만들 때 사용하는 효모는 얼마나 비슷할까요? 생명체라면 모든 세포가 살기 위해 필요한 기본적인 일이 있어요. 효모와 사람이 공유하는 것이 바로 이러한 기본적인 일에 관여하는 유전자들입니다. 모든 생명체는 살아가기 위해 물질대사라고 하는 일을 해야만 합니다.

폐허가 되어 아무도 살고 있지 않은 집과 사람들이 모여서 사는 곳을 비교해 볼까요? 폐허가 된 집에서는 아무 일도 일어나지 않아요. 하지만 사람들이 모여 사는 곳은 끊임없이 무언가를 들여놓고, 바깥으로 버리지요. 사는 집 내부도 늘 뭔가 변화가 있고, 다시 정리되기를 반복해요.

생명체에서 일어나는 일이 바로 이와 같아요. 외부에서 뭔가를 흡수하고, 내부에서는 계속 화학적 변화가 일어나고, 또 대사 결과 만들어진 물질이 분비되기도 하죠. 유전자의 많은 부분을 투자할 만큼 중요한 이 일이 어떤 특성을 가지는지, 우리의 삶에는 어떤 영향을 주는지 알아보기로 해요.

변하니까 생물이다

흙이 두 봉지 있습니다. 단단히 밀봉된 두 봉지는 시간이 지남에 따라 점점 다른 양상을 보이네요. 한 봉지는 빵빵하게 부풀어 오르고, 한 봉지는 아무런 변화가 없어요. 흙이 들어있는 각각의 봉지에 무슨 일이 있었던 걸까요?

빵빵하게 부풀어 오른 흙 봉지에서 무언가 변화가 있었던 거겠죠. 아마 그 속에는 눈에 보이지 않는 미생물이 살고 있었을 거예요. 생물은 살아가는 동안 물질을 흡수하고 분해하는 일을 계속하거든요.

여러분도 비슷한 일을 겪어 봤을 겁니다. 음식물 쓰레기가 들어있던 봉지가 부풀어 오르거나, 다 마시지 않은 오렌지 주스의 병뚜껑을 닫아두었다가 플라스틱병이 부풀어 오른 적이 있지 않나요? 그 속에 있던 미생물들이 살아가면서 대사산물인 기체를 만들어 낸 거예요.

생물의 이런 특성을 이용해서 저 멀리 화성에 생물이 살고 있는지 확인하는 우주 실험을 수행하기도 했답니다. 화성 표면에 내려앉은 바이킹호는 로봇을 이용하여 화성의 흙을 긁어모은 후 밀폐된 공간에 넣어두고 양분을 넣었어요. 생물이 있다면 어떤 변화가 생겼을까요? 내부에 새로운 기체들이 생겨났겠죠? 또, 혹시나 광합성을 하는 생물이 있는지 확인해 보려고 빛을 쫴 주며 이산화탄소를 공급해 보기도 했어요. 아쉽게도 아무런 변화가 없었답니다. 생물이 있었다면 분명 변화가 있었을 텐데요.

화성의 생명체 탐사 임무를 맡은 바이킹 1호

이렇게 생명체 내에서는 생명 활동을 유지하기 위해 물질을 합성하기도 하고, 분해하기도 합니다. 생물체 내에서 일어나는 모든 화학 반응을 **물질대사**라고 해요. 화학 반응에는 합성과 분해가 있잖아요. 물질대사도 화학 반응이기 때문에 동일하게 합성과 분해가 있습니다. **분자량이 작은 물질이 큰 물질로 합성되는 과정**은 **동화작용**, **분자량이 큰 물질이 작은 물질로 분해되는 과정**은 **이화작용**이라고 해요. 물질의 합성 및 분해 과정에는 반드시 에너지의 출입이 따르는데 동화작용은 에너지를 흡수하는 **흡열반응**이고, 이화작용은 에너지를 방출하는 **발열반응**이에요. 에너지의 출입이 따르기 때문에 물질대사를 에너지 대사라고도 불러요.

그런데 화학 반응에서처럼 합성, 분해라는 용어가 아니라 굳이 동화작용, 이화작용이라고 다르게 부르는 이유는 무엇일까요? 생명체 내에서 일어나는 화학 반응이 좀 특이하기 때문이에요. 생명체 내부가 아닌 곳에서 고기를 분해하여 아미노산을 얻으려고 하면 100℃가 넘는 물에 소금을 잔뜩 넣고 몇 시간을 끓여야만 겨우겨우 분해할 수 있답니다. 하지만 우리는 고깃덩어리를 맛있게 먹고 아무 일도 하지 않아도 아미노산으로 분해할 수 있지요. 그건 바로 우리 몸에 **효소**가 있기 때문이에요. 효소는 우리 몸에서 화학 반응이 쉽게 일어나게 해 주는 기적의 단백질 분자에요. 이처럼 생명체 내에서 일어나는 화학 반응인 물질대사 과정은 효소의 촉매 작용으로 조절되기 때문에, 일반적인 화학 반응과는 구별해서 다뤄요. 효소 덕분에 화학 반응이 시작되는 데 필요한 **활성화 에너지**가 확 내려가서 37℃ 정도의 낮은 온도인 체온에서도 쉽게 반응이 일어날 수 있어요. 독성물질 중 많은 것이 효소의 작용을 억제하는 것이라고 하니, 효소가 얼마나 중요한지 알 수 있죠?

사람의 몸에서 일어나는 물질대사는 어떤 게 있는지 한번 살펴볼까요? 단백질이나 DNA 또는 RNA 같은 큰 분자를 합성하는 일은 동

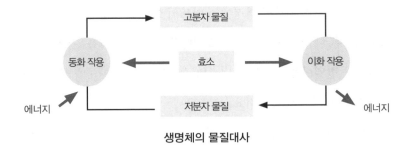

생명체의 물질대사

화작용에 해당합니다. 이화작용은 고분자 물질을 저분자 물질로 분해하는 반응이죠. 포도당을 이산화탄소와 물로 분해하는 세포 호흡이나, 글리코젠과 같은 복잡한 탄수화물을 포도당과 같은 단순한 탄수화물로 분해하는 것이 이화작용에 해당해요.

우리는 계속 뭔가를 먹어야 해요. 먹지 않는다면 며칠 정도는 버틸수 있지만 잘못하면 건강에 큰 이상이 오게 됩니다. 왜 계속 먹어야 할까요? 세포는 이화작용을 통해 방출된 에너지 일부를 생명 활동에 사용합니다. 그리고 근육 수축처럼 기능을 수행하기 위해 구조를 변화시킬 때도 에너지가 필요하지요. 이처럼 생명 현상은 끊임없이 에너지를 소모하는 과정이므로 에너지의 공급 없이는 유지될 수 없습니다. 에너지를 공급하는 방법이 바로 세포 호흡에 쓰이는 양분을 공급하는 거예요. 그런데 우리가 먹는 양분은 어디서 올까요? 아무거나 먹어도 되는 걸까요?

사람이 먹어서 세포 호흡에 제공할 수 있는 양분은 유기양분이라고 합니다. 이 유기양분은 자연에 그냥 널려 있는 건 아니에요. 식물

과 같이 광합성을 할 수 있는 생물들이 빛 에너지를 이용해서 이산
화탄소와 물을 유기양분인 포도당으로 합성하면서 시작되는 거예요.
그래서 유기양분에는 탄소, 산소, 수소가 포함되어 있어요. 이 유기양
분을 먹고 세포 호흡을 하면 생명 활동에 사용하는 ATP 분자와 열
에너지가 생성되고, 물질로는 이산화탄소와 물이 생성돼요. 광합성
과 세포 호흡은 이처럼 서로 반대되는 작용입니다.

내 세포의 만능 화폐

쉬는 시간 종이 울리기 무섭게 복도가 시끌벅적합니다. 점심시간도 아닌데 복도에 긴 줄이 생겼어요. 빵 자판기가 생긴 이후의 풍경이지요.

문제를 하나 내 볼게요. 여러분이 5만 원권 두 장과 1천 원권 한 장, 그리고 500원짜리 동전 한 개를 가지고 있어서 총 10만 1,500원이 있다고 해 볼게요. 빵 하나가 500원이라면, 총액 101,500원을 가지고 있을 때 500원짜리 동전만 사용이 가능한 빵 자판기에서 몇 개의 빵을 사 먹을 수 있을까요? 그렇죠. 정답은 한 개입니다. 만약 500원짜리 동전으로만 101,500원을 갖고 있었다면 엄청 많은 빵을 사 먹을 수 있었겠지요. 500원 동전만 사용 가능한 빵 자판기만 있는 세상이라면 5만 원권도, 1천 원권도 아무 소용이 없어요. 그런데 이런 일이 우리 세포에서 일어나고 있어요.

포도당 한 분자는 세포 호흡을 거치는 동안 여러 단계에 걸쳐 산화되면서 에너지가 조금씩 방출됩니다. 이 에너지가 **ATP**에 저장되어 총 36분자의 ATP를 만들어요. 세포에서 일어나는 화학 반응은 여러 단계를 거쳐서 완성되는데, 주로 ATP가 그 단계들에서 쓰여요. 만약 큰 에너지를 가진 분자가 ATP를 대신하게 된다면 그야말로 자판기에서 빵 하나를 사는데 1만 원짜리 지폐 하나를 몽땅 쓰는 것처럼 에너지를 낭비하는 셈이 돼요.

신기한 점은 일부 생물만 ATP를 에너지원으로 사용하는 게 아니라는 거예요. 지구상의 모든 생물이 세포에서 ATP를 에너지원으로 사용하고 있어요. ATP를 사용하는 시스템은 생명체가 지구에 나타난 초기부터 성공적으로 안착한 것인가 봅니다. ATP는 **아데닌**과 **리**

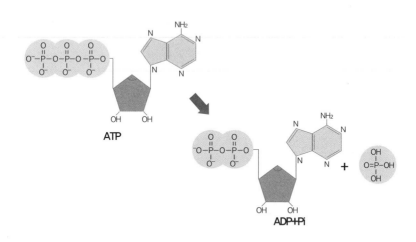

ATP와 ADP

인산기가 3개에서 2개로 바뀌면서 인산결합에 있던 에너지가 빠져나와서 생명 활동에 이용된다

보스에 세 개의 **인산기**가 결합한 화합물이에요. ATP가 분해될 때 제일 끝부분의 인산기가 분리되어 에너지가 방출되며, 생명체는 이 에너지를 사용하여 생명 활동을 해요. 이 과정에서 생성된 ADP와 무기인산은 세포 호흡을 통해 다시 ATP로 합성되지요.

ATP에 저장된 에너지는 화학 에너지, 열 에너지, 운동 에너지, 전기 에너지, 빛 에너지 등 다양한 형태의 에너지로 전환되어 근육 운동, 체온 유지, 생장, 정신 활동, 발성 등에 쓰입니다.

산산이 부서지는 것의 가치

선희는 며칠 전 전시회에서 본 사진이 뇌리에서 떠나지 않아요. 큰 날개로 활공하며 멋진 자태를 뽐내는 알바트로스는 땅에서 부화한 후 부모 새로부터 먹이를 받아먹고 자라서 섬을 떠납니다. 선희가 본 사진은 그 무리에 끼지 못하고 죽음에 이른 새와 그 새의 배 속에 들어 있던 플라스틱을 찍은 것이었어요. 먼 거리를 힘들게 오가면서 새 끼가 무럭무럭 자라기를 바라며 물어온 먹이가 플라스틱이라니. 차라리 플라스틱도 분해되어서 몸속 영양소로 쓰일 수 있다면 이런 슬픈 일은 없었을 텐데 말이에요.

통째로 삼키는 물고기도 잘 분해되어 몸속에서 쓰이는데, 왜 플라스틱은 분해가 안 되었을까요? 도대체 어떤 물질이 어떤 과정을 거쳐 생명체 몸에서 영양소로 쓰이는 걸까요?

사람은 음식물로부터 **영양소**를 얻습니다. 모든 물질이 영양소가

바다에 떠다니는 플라스틱을 먹이로 착각해 죽음에 이른 알바트로스

될 수 있는 건 아니에요. 우리 몸을 구성하거나, 에너지로 이용되거나, 세포에서의 작용을 도와주는 역할을 할 수 있어야 영양소가 되는 것이죠. 이 물질은 세포 내로 흡수되어야 하고, 그래서 우리 세포에는 이 물질을 이용할 수 있는 시스템이 갖춰져 있답니다.

섭취한 음식물이 세포에 흡수되기 위해서는 소화계에서 **소화 과정**을 거쳐 작은 크기로 분해되어야 하죠. 한 숟가락 잔뜩 올린 음식물은 너무 커서 소화관을 지나면서 소화 효소의 도움까지 받아 가며 몇 시간은 소화되어야 흡수 가능한 상태가 된답니다. 에너지원으로 주로 이용되는 **탄수화물**은 포도당과 같은 **단당류**로, 몸을 구성하고 세포에서 주요한 기능을 하는 **단백질**은 **아미노산**으로, 지방은 **지방**

산과 **모노글리세리드**로 소화되지요.

극소수의 미생물을 제외하고 대부분 생물에게는 플라스틱을 분해해서 세포에서 사용되는 영양소로 바꾸는 기능이 없어요. 분해가 되어 흡수되더라도 미세플라스틱처럼 세포에서 이용하지 못하고 오히려 기능을 방해해서 독으로 작용하기도 해요. 분해가 되지 않더라도 너무 작아서 물에 녹아 잘 흡수되는 양분들도 있어요. Ca^{2+}, Na^+, Mg^{2+} 등과 같은 **무기 이온**이나 **비타민**이 바로 그런 특성을 가져요. 이 양분들은 주로 세포에서 일어나는 작용을 도와준답니다.

흡수될 준비가 된 양분 대부분은 소장의 **융털**을 통해서 흡수됩니다. 많은 주름을 가진 융털을 통해서 양분은 그 특성에 따라 모세혈관 또는 암죽관으로 흡수되지요. 각각은 간을 거치거나 림프관을 거쳐서 이동합니다. 달고 맛있는 음식을 많이 먹어도 간을 거치면서 **글리코젠**으로 저장되기 때문에 혈당량은 조절될 수 있어요. 간 쪽으로 이동하거나 림프관 쪽으로 이동한 양분들은 모두 심장에 연결된 정맥을 통해 심장으로 모입니다. 그리고 심장의 강한 박동 덕분에 온몸으로 전달되는 거예요.

무엇보다 빠르게

사이렌을 울리며 급하게 사고 현장에 도착한 119 대원이 가장 먼저 환자의 호흡이 있는지부터 확인합니다. 코 아래에 손을 갖다 대는 모습을 본 일이 있을 거예요. 앰부 백(ambu bag)이라고 하는 수동식 인공호흡장치를 환자의 코와 입에 밀착시키고 펌프질을 해가면서 긴급히 응급차로 이동하는 모습도 생각날 겁니다. 생사가 오가는 상황에서 호흡은 매우 중요한 일이에요.

우리는 건강하게 살아가기 위해서 많은 일을 해요. 먹고, 숨쉬고, 운동하고, 배설도 하죠. 만약 이들 중 멈춘다면 가장 빠르게 사망에 이르는 건 무엇일까요? 바로 숨을 쉬지 않는 겁니다. 음식을 먹지 않는다고 몇 분 만에 사망에 이르지는 않아요. 배설도 당장 하지 못한다면 불편하기는 하지만 사망에 이르지는 않지요. 운동하지 않는 것은 더 문제가 되지 않아요. 그럼 왜 이렇게 숨을 쉬는 건 중요할까요?

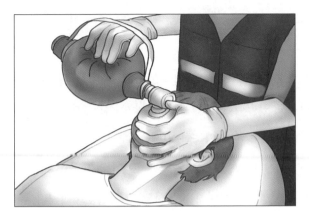

수동 호흡 장치를 연결하고 환자를 이송 중인 구급대원

건전지로 움직이는 장난감 자동차가 갑자기 움직이지 않는다면 우리는 무엇을 살펴보나요? 혹시 건전지가 다 닳은 건 아닌지 확인하겠죠. 마찬가지로 사람도 에너지가 없다면 기능이 멈춰버리게 됩니다. 사람은 어떤 에너지를 가지고 살아가고 있을까요? **세포 호흡**을 통해 **에너지**를 얻어서 비축하고, 그 에너지로 모든 기능이 수행됩니다. 그러니까 세포 호흡이 제대로 되지 않는다면 문제가 생기는 거죠. 세포 호흡에는 반드시 **산소**가 필요합니다. 세포에 산소를 제공하는 방법은 폐를 통해 공기 속의 산소가 혈액으로 이동하고, 그 혈액이 세포 근처로 와서 산소를 공급해 주면 됩니다. 산소를 얻지 못한 세포는 에너지를 만들지 못해서 기능이 멈춰버리고 말아요.

고산 지역에 사는 사람은 적혈구 수가 더 많다는 걸 알고 있나요? 고산 지역은 산소 농도가 낮아서 세포가 충분한 산소를 공급받기 어려운 환경이에요. 산소를 제대로 공급받기 위하여 적혈구 수까지 늘려야 하는 이유를 알겠죠. 그만큼 산소를 공급받고 이산화탄소를 배출하는 호흡 과정은 중요한 거예요. 산소가 없는 환경에서 살 수 있는 생명체도 있습니다. 다만 그들은 발효 시스템이 갖춰져 있어서 산소가 없더라도 생존이 가능한 거예요. 에너지 효율도 낮아도 대부분 단세포인 작은 몸집을 유지하는 데 지장이 없지요. 하지만 사람은 산소가 없다면 생명을 유지하지 못하고 매우 위험해집니다.

비움의 미학

수업 시간에 한 학생이 손을 번쩍 들고 "선생님, 저 급해서 그러는데 물 버리러 다녀와도 될까요?"라고 합니다. '물 버리러?' 순간 무슨 뜻인지 의아했는데, "화장실 좀 다녀올게요."라고 해서 오줌을 누러 간다는 말인 걸 알아차렸습니다. 생각해 보니 오줌을 눈다는 표현이 여러 가지였네요. '쉬 한다' '오줌 눈다' '소변 본다' 그리고 '물 버리러 간다' 그런데 정말 우리는 물을 버리러 가는 걸까요? 사막에서 며칠을 지낸다면 물을 버리는 그 행위만 없어도 물을 먹지 않고 버틸 수 있을 텐데, 왜 물을 버려야만 하는 걸까요?

그 답은 물이 아니라 물에 녹아 있는 성분에 있습니다. 새나 곤충의 오줌을 본 일이 있나요? 새똥은 많이 보았을 것입니다. 새는 총배설강이라는 곳으로 오줌과 똥을 배출하고 심지어 알까지 낳아요. 새의 오줌은 흰색의 불용성 물질인 **요산**과 소량의 물로 구성되어 있어요. 우리가 새똥이라고 생각한 것이 바로 오줌입니다. 새는 오줌으로 물은 거의 버리지 않아요. 물을 많이 먹지도 않지요. 새가 배설하는 주된 성분은 물에 녹지 않고도 버릴 수 있어서, 몸 밖으로 물을 거의 버리지 않는 겁니다. 하지만 사람이 몸 밖으로 버리려는 **요소**는 물에 녹아 있기 때문에, 버려야 하는 요소의 양만큼 많은 양의 물을 함께 버릴 수밖에 없는 거예요.

사람이 살아가기 위해서는 잘 먹는 것만큼이나 **배설**을 잘하는 것도 매우 중요합니다. 우리 몸에서 배설 기능을 담당하는 기관은 **콩팥**인데, 콩팥의 기능이 회복될 수 없을 정도로 저하되어 노폐물이 정상적으로 배설되지 못하면 대사 과정 모든 부분에 장애가 생겨요. 이런 경우에는 투석 장치를 이용하여 정기적으로 혈액의 노폐물을 제거해야만 살아갈 수 있습니다. 그렇다면 배설이 생명 유지에 꼭 필요한 까닭은 무엇일까요?

세포가 세포 호흡을 통해 에너지를 전환하는 과정에서 여러 가지 노폐물이 생성됩니다. 탄수화물, 지방, 단백질은 공통으로 탄소, 수소, 산소로 이루어져 있는데, 이것들이 세포 호흡에 이용되면 이산화탄소와 물이 생성돼요. 단백질은 질소도 포함하고 있으므로 세포 호흡에 이용되면 이산화탄소와 물뿐만 아니라 질소 노폐물인 **암모니아**도 생성된답니다. 암모니아는 독성이 강해 간에서 물질대사를 통해 독성이 약한 요소로 전환됩니다. 물과 요소는 순환계를 통해 배설계로 이동되며, 배설계에서는 혈액 속의 요소를 걸러 내어 물과 함께 오줌으로 배설합니다.

배설계를 구성하는 콩팥은 혈액을 걸러 오줌을 생성하고, 오줌은 방광에 모였다가 몸 밖으로 나가게 돼요. 우리 몸은 배설계를 통해 혈액 속의 노폐물을 몸 밖으로 내보내고, 혈액의 성분과 수분량 등을 조절합니다. 배설을 통해 물질대사의 결과 생성된 노폐물이나 독성 물질을 몸 밖으로 내보내기도 하고, 체내 수분량을 조절해서 체액의 농도도 조절하게 됩니다. 이렇게 배설을 통해 세포 호흡이 원활하게 일어날 수 있도록 몸의 내부 환경이 잘 유지되는 거죠.

배설되는 것을 말해 보라고 하면 항상 대변과 방귀가 빠지지 않습니다. 그러나 대변과 방귀가 배출되는 걸 배설이라고 하지는 않아요. 배설이라는 건 세포에서 사용하고 나온 노폐물을 버리는 과정이니까, 일단 몸에 흡수된 후에 만들어지는 물질들에 대해 논하는 거죠. 대변이나 방귀는 우리 몸 안에 흡수되지 못하고 소화관에 있던 물질들이 변한 채 몸 밖으로 나오는 것들이에요.

대변은 소화되지 않거나 흡수되지 못한 음식물과 우리의 장 속에 살아 있거나 죽은 미생물들의 혼합 덩어리입니다. 방귀는 무엇일까요? 우리가 먹은 음식을 장 속의 미생물들이 분해해서 사용하는 과정에 만들어진 기체들과 물을 마시거나 음식을 먹으며 삼켰던 공기가 빠져나오는 거예요. 냄새가 심하죠? 하지만 방귀 대부분은 냄새가 없는 질소, 수소, 이산화탄소, 메테인 등입니다. 냄새가 나는 것은 콩이나 치즈, 육류 등에 포함된 단백질이 분해되면서 나온 소량의 휘발성 기체 때문이에요. 냄새를 줄이고 싶다면 미생물들이 단백질에 눈을 돌리지 않게 감자나 바나나를 먹는 방법도 있어요.

순환계로 대동단결, 통합

소화계는 우리 몸의 모든 세포가 필요로 하는 양분을, 흡수할 수 있는 크기로 만들고 공급하는 과정이라서 매우 중요해요. **호흡계**는 모든 세포가 세포 호흡하는 데 필요한 산소를 제공하고, 부산물로 만들어진 이산화탄소를 내보내 주죠. **배설계**도 세포들이 만들어 낸 질소 노폐물과 기타 대사산물을 버려 줍니다. 이 기관계들은 모두 우리 몸의 세포에 영향을 주는 중요한 기관계들인데, 몸의 특정 부분에 있어서 모든 세포에 닿아있지는 않아요. 각자 자기 위치에 있을 뿐이지요. 소화관은 우리 몸의 중심에, 호흡계는 코와 연결되어 가슴 쪽에, 배설계는 허리 아래 배 속에 있어요. 그렇다면 어떻게 이 기관계들이 우리 몸의 모든 세포에게 영향을 줄 수 있을까요?

맞아요. 서로서로 연결해 주면 되겠죠? 이 역할을 맡은 것이 바로 **순환계**입니다. 마치 우리나라에 뻗어 있는 도로들처럼, 여기저기로 물질들을 옮겨 주고 받아오는 거죠. 도로가 막히면 여러 가지 문제가 생기잖아요. 도로가 잘 정비되지 않거나 접근하기 어려운 곳은 물자를 받기 어려워서 굶주리거나 척박한 삶을 살아가게 되죠. 그래서 우리 몸에서는 도로와도 같은 심혈관계의 건강이 매우 중요한 겁니다.

순환계는 펌프 역할을 하는 심장과 인체의 모든 부분에 혈액을 공급하는 혈관으로 구성되어 있어요. 심장은 각 기관과 연결되어 있지

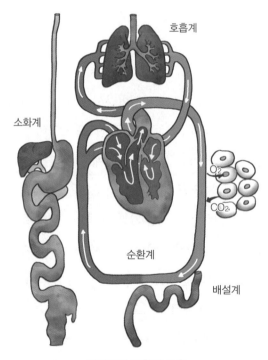

기관계의 통합적 작용
각 기관의 독자적인 활동은 순환계에 의해 연결됨으로써
몸 전체에 필요한 성분 및 기능을 제공하게 된다

요. 심장에서 기관을 향해 나가는 혈액이 흐르는 혈관을 **동맥**이라고 하고, 기관에서 심장 쪽으로 들어오는 혈액이 흐르는 혈관을 **정맥**이라고 해요.

사람의 심장은 오른쪽과 왼쪽이 구별되어 있습니다. 오른쪽에는 온몸을 돌고 도착하여 산소는 적고 이산화탄소가 많은 혈액이, 왼쪽에는 폐에서 공급받아 산소가 많은 혈액이 채워져 있어요. 심장의 아래쪽이 약간 왼쪽으로 치우쳐 있기도 하고, 왼쪽의 근육이 더 두껍고 강하기 때문에 심장 박동은 왼쪽에서 더 강하게 느껴집니다. 그래서 가슴의 가운데에 있는 심장이 왼쪽에 있다고 오해를 받기도 해요.

소화계, 호흡계, 배설계는 순환계와 잘 연결되어야 합니다. 그래서 이 4개의 기관계가 갖는 공통점이 무엇인지 아나요? 모두 표면적이 넓다는 사실이에요. 소화계에는 꼬불꼬불 융털이 있고, 호흡계에는 허파꽈리가 있고, 배설계에는 세뇨관들이 있어요. 그리고 융털, 허파꽈리, 세뇨관 주변에는 순환계의 모세혈관이 촘촘하게 배치되어 있어요. 각 기관계는 세포에서 물질대사가 원활하게 일어날 수 있도록 정교하게 상호 작용하며, 통합적으로 기능을 수행한답니다.

- **물질대사는 에너지 대사**

    물질대사는 세포에서 일어나는 화학 반응입니다. 작은 분자
    가 큰 분자로 합성되는 동화작용과 큰 분자가 작은 분자로 나
    뉘는 이화작용으로 나뉘고, 이때 에너지의 출입이 일어나서
    에너지 대사라고도 해요.

- **광합성과 세포 호흡**

    동화작용의 가장 대표적인 예는 식물의 엽록체에서 이산화탄
    소와 물을 이용하여 포도당을 만드는 광합성이에요. 이때 빛
    에너지를 흡수합니다. 이화작용의 가장 대표적인 예로는 미
    토콘드리아에서 당을 이산화탄소와 물로 나누면서 에너지를
    생성해 내는 세포 호흡을 들 수 있습니다. 세포 호흡 결과 열
    에너지와 세포에서 에너지로 사용되는 분자인 ATP가 합성되
    어요.

- **ATP**

    ATP는 모든 세포에서 화학 반응이나 작용이 일어날 때 에너
    지원으로 사용되는 분자입니다. 아데닌과 리보스 당이 결합

한 아데노신에 3개의 인산이 결합한 형태이지요. ATP가 인산 2개인 ADP로 바뀔 때 인산 하나가 떨어져 나면서 방출되는 에너지를 사용합니다.

- 소화

  생물이 영양소를 얻기 위해서 세포가 흡수할 수 있는 크기로 잘게 부숴주는 과정입니다. 소화계는 소화관과 소화샘으로 구성되어 있어서 소화샘에서 분비한 소화액에 의해 소화관에서 음식물이 작은 크기의 단위로 쪼개지고 흡수됩니다. 소화 과정에서 녹말은 포도당으로, 단백질은 아미노산으로, 지방은 지방산과 모노글리세리드로 분해돼요.

- 호흡

  세포에서 산소를 이용하여 세포 호흡할 때 필요한 산소를 공급하고, 물질대사 결과 만들어진 이산화탄소를 배출하는 과정이에요. 허파꽈리에서 공기 중 산소는 모세혈관으로, 혈액 중의 이산화탄소는 바깥으로 배출됩니다.

- **배설**

  세포에서 단백질의 분해가 일어나고 나면 만들어지는 질소
  노폐물과 기타 노폐물을 몸 밖으로 내보내는 과정으로 오줌
  을 생성합니다. 오줌은 콩팥에서 만들어져서 방광에 모였다
  가 몸 밖으로 배출됩니다.

- **순환계에 의한 기관계의 통합**

  심장과 혈관으로 구성된 순환계는 몸속 곳곳으로 뻗어 있어
  서 소화계, 호흡계, 배설계에 필요한 물질을 갖다주고, 내어주
  는 물질을 받아서 전달해 줍니다.

생명 활동과 건강

우리나라는 나이별 건강검진이 의무화되어 있습니다. 학교가 아닌 병원에 가서 건강검진을 해본 적이 있나요? 건강검진에서 빠지지 않고 하는 검사가 있어요. 바로 혈액 검사와 오줌 검사예요. 혈액 검사와 오줌 검사로 무엇을 알아낼 수 있는 걸까요?

검사 결과지를 보면 알 수 있습니다. 요단백, 혈색소, 혈당, HDL, LDL, 혈청 크레아티닌, 요소질소(BUN), 요산, GGT… 무언지 모를 어려운 용어들이 잔뜩 적혀 있네요. 이 수치들에 이상이 있다는 건 무슨 의미일까요?

혈액이나 오줌으로 비교적 간단하게 이상 여부를 알아낼 수 있어서, 대사성 질환은 진단하기 쉬워요. 하지만 이상이 발견되었을 때 건강한 상태로 되돌리는 건 간단한 문제가 아니에요. 유전적인 요인 때문이거나 생활 습관에 따른 질병이라 하루아침에 건강한 상태로 되돌리는 건 쉽지 않습니다.

대사성 질환에는 어떤 것들이 있고, 대사성 질환에 걸리지 않고 건강한 몸을 유지하려면 어떻게 해야 할지 함께 알아보기로 해요.

서두를수록 좋아

태어난 지 3일이 된 아기를 데리고 퇴원 준비를 하던 이모가 아기의 발꿈치를 보고는 깜짝 놀라며 간호사를 찾습니다. 조금 있다 돌아온 이모는 "발꿈치에 바늘로 찔린 흔적이 있어서 놀랐는데, **선천성 대사 이상** 검사한 거라네."라며 멋쩍은 표정을 지었어요. 선천성 대사 이상이 무엇이길래 태어난 지 3일밖에 되지 않은 아기에게 바늘을 갖다 대며 검사를 해야 할까요?

선천성 대사 이상이란 유전적인 결함으로 인해 태어날 때부터 특정한 효소나 조효소가 결핍되어 대사이상질환을 앓고 있는 것을 말합니다. 선천성 대사 이상 중 상당수가 조기에 발견하여 증상이 나타나기 전에 적절하게 대처하면 병의 진행을 막거나 늦출 수 있어요. 왜 빨리해야 하는지 알겠죠? 페닐케톤 요증, 선천성 갑상샘 기능저하증, 단풍 당뇨증, 갈락토스 혈증, 선천성 부신 기능 항진증, 호모시스틴요증 총 여섯 가지 검사를 합니다.

특히 페닐케톤 요증은 엄마의 젖을 제대로 분해하지 못하여 독성물질을 만들고 뇌에 축적할 수 있어서 빠른 진단이 필요해요. 특수 분유를 먹고, 평생 특정 음식은 피하면서 살아야 한답니다. 유전적으로 오누이가 모두 페닐케톤 요증인 경우도 있어요. 안타깝게도 오빠는 정통으로 질병을 앓게 되었지만, 다행히 여동생은 초기에 진단하여 질병으로 인한 손상을 피할 수 있었어요.

우리 몸에서 물질대사의 이상으로 발생하는 질환을 통틀어 **대사성 질환**이라고 합니다. 대사성 질환에는 포도당 대사 이상인 당뇨병, 지방 대사 이상인 고지질 혈증 등이 있으며, 이러한 질환에 의해 발생하는 심혈관계 질환, 뇌혈관계 질환 등도 포함될 수 있어요. 특히 대사성 질환 중 고지혈증, 고혈압, 당뇨병 등은 심근경색이나 뇌졸중과 같은 심혈관 질환의 원인이 되는데, 이와 같은 대사성 질환이 한 사람에게서 동시에 나타나는 증상을 대사 증후군이라고 해요.

고지질 혈증은 혈액 속에 콜레스테롤, 중성지방 등이 과다하게 들어있는 상태를 말해요. 혈액 속에 콜레스테롤이 많아져서 혈관 벽에 쌓이면 동맥 경화를 일으키고, 고혈압, 심장병, 뇌졸중 등의 원인이 됩니다. 대사성 질환은 물질대사의 이상 현상이 오랜 시간을 두고 서서히 진행되면서 나타납니다. 생활 방식이 변화하고, 고령화가 진행됨에 따라 비만, 당뇨병 등 대사성 질환이 많이 발생하고 있어요.

맛있게 먹었으면 운동으로 0 칼로리

명절에 시골에 내려간 지우는 일 년 만에 만난 사촌 동우를 알아보지 못할뻔했어요. 통통하던 모습은 오간 데 없고 홀쭉해져서 나타난 거예요. 만날 때마다 '저 형은 점점 더 살이 찌는 것 같아.'라고 생각하곤 했었는데, 급작스럽게 체중을 줄이다니 그 이유가 궁금해졌습니다. 건강검진에서 대사 이상 진단을 받고 위기감을 느낀 동우는 바로 운동을 시작했다고 하네요. 건강이 목표였기에 무리하게 체중을 줄이기보다는 꾸준한 운동에 더 비중을 두고 식사량도 조금씩 줄여 나갔다고 합니다. 식사량은 얼마로 줄여야 하고, 운동량은 얼마나 해야 체중이 줄어들까요?

하루에 섭취하는 에너지량은 섭취한 음식에 포함된 열량을 모두 더한 것입니다. 이 양이 **1일 대사량**을 넘어가면 남은 열량은 체지방으로 저장이 되죠. 1일 대사량이 더 많다면 몸에 저장된 체지방이 사용되어 체중이 줄어들게 되는 것이고요. 1일 대사량은 하루 동안의 **기초대사량과 활동대사량**을 더한 것입니다. 기초대사량은 체온 조절, 심장 박동, 혈액 순환, 호흡 활동과 같은 생명 현상을 유지하는 데 필요한 최소한의 에너지량인데, 사람에 따라 달라요. 또한, 나이가 들수록 기초대사량이 줄어들어요. 그 외에 덩치가 클수록 크고, 남성이 여성보다 기초대사량이 더 큽니다. 활동대사량은 활동하는 동안 소비된 에너지량으로, 활동량에 따라 매일매일 달라져요. 같은 활동이어도 근육량이 많은 사람은 기초대사량과 활동대사량이 더 크답니다.

음식물로부터 섭취한 에너지량이 1일 대사량보다 적으면 지방을 먼저 분해하지만, 나중에는 근육에 포함된 단백질을 분해하여 필요한 에너지를 얻어요. 이러한 상태가 지속되면 면역력이 떨어져 각종 질환이 발생할 가능성이 커지므로 무리하게 체중을 줄이는 건 오히려 건강에 해롭습니다. 1일 대사량보다 더 많은 에너지량을 섭취하면 남은 에너지는 지방의 형태로 저장돼요. 하지만 지방이 계속 저장되는 일이 지속되면 체중이 증가하며 당뇨병, 고혈압 등 대사성 질환이 발생하게 되죠. 대사 증후군은 일반적으로 잘못된 생활 습관, 과도한 영양 섭취, 부족한 에너지 소모, 비만 등으로 발생하며, 유전, 스트레스 등에 의해서도 발생해요. 대사 증후군을 **생활 습관병**이라고도 하는 이유입니다. 그래서 생활 습관의 개선을 통해서 질병의 발생과 진행을 어느 정도 억제할 수 있어요. 대사성 질환은 치료에 많은

시간과 노력이 필요하겠죠. 올바른 생활 습관으로 예방하도록 해요

'맛있게 먹으면 0 칼로리'라는 말이 있습니다. 정말 그럴까요? 아닌 걸 알면서도 믿고 싶은 마음이 드는 건, 맛있는 걸 먹는 즐거움에만 집중하고 싶어서예요. 그런데 많은 사람이 실제 배가 고프지 않으면서도 허기를 느끼고 음식을 먹는 경우가 있어요. 스트레스가 쌓였을 경우 식욕을 억제하는 호르몬의 분비량이 감소하여 식욕이 왕성해지는 경우가 많아요. 이게 심해지면 폭식증으로까지 나빠질 수 있어요. 스트레스를 잘 관리하는 것도 건강을 위해 매우 중요하다는 걸 알 수 있습니다.

- **대사성 질환**

  물질대사의 이상으로 발생하는 질환을 통틀어 대사성 질환
  이라고 합니다. 물질대사 이상으로 특정 물질이 과잉 생산되
  거나 부족해서 혈액 또는 오줌 검사로 진단 가능한 것이 많습
  니다.

- **1일 대사량**

  기초대사량과 여러 가지 활동에 필요한 에너지량을 모두 포
  함해서 1일 대사량이라고 합니다. 기초대사량은 생명 유지를
  위해 필요한 최소의 에너지량이며, 활동대사량은 활동으로
  인해 필요한 대사량입니다. 기초대사량은 큰 변화가 없지만
  활동대사량은 매일매일 달라집니다.

- **대사성 질환의 예방**

  대사성 질환은 검사를 통해 초기 발견이 가능하므로 유전적
  요인이 의심되면 검사합니다. 과체중의 경우 대사성 질환에
  걸릴 가능성이 있으므로 적정 체중을 유지하고 대사량에 맞
  는 음식 섭취 및 건전한 생활 습관을 지니도록 합니다.

01 다음 그림은 광합성과 세포 호흡에서의 에너지와 물질의 이동을 나타낸 것입니다. (가)와 (나)에 대해 옳게 설명하고 있는 것은 무엇일까요?

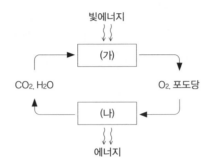

---〈보기〉---

ㄱ. (가)는 미토콘드리아에서 일어난다.

ㄴ. (나)에서 ATP가 합성된다.

ㄷ. (가)와 (나)에서 모두 효소가 이용된다.

02 다음 그림은 사람 몸에 있는 순환계와 기관계 A~C의 통합적 작용을 나타낸 것입니다. A~C는 각각 배설계, 소화계, 호흡계 중 하나입니다. 각각에 대해 옳게 설명한 것은 무엇일까요?

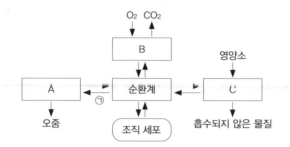

• 정답 및 해설 •

1. **(가)는 빛 에너지를 흡수하여 이산화탄소와 물을 포도당과 산소로 만들어내는 광합성을, (나)는 포도당을 분해하여 이산화탄소와 물을 만들면서 에너지를 방출하는 세포 호흡을 나타냅니다.**

   ㄱ. 광합성은 엽록체에서 일어나기 때문에 **틀린 보기입니다.**

   ㄴ. ATP는 세포 호흡 과정에서 합성되므로 **맞는 보기입니다.**

   ㄷ. 광합성과 세포 호흡은 둘 다 물질대사이며, **물질대사 과정에는 효소**

___가 이용됩니다.___

∴ 정답은 ㄱ, ㄷ입니다.

2. A는 배설계, B는 호흡계, C는 소화계입니다.

 ㄱ. ㉠은 순환계에서 배설계로 이동하는 것으로 __요소가 포함됩니다.__

 ㄴ. B는 __호흡계가 맞습니다.__

 ㄷ. 소화계에서 흡수된 물질은 __순환계를 통해 온몸으로 운반됩니다.__

∴ 정답은 ㄱ, ㄴ, ㄷ입니다.

Chapter
5

신경계에 의한 조절

.

멍게를 아나요? 우리는 접시에 맛깔나게 담긴 미끈한 멍게를 만나지만 멍게
는 원래 울퉁불퉁한 모습을 하고 바위 등에 붙어서 살고 있어요. 바위에 부착
해서 살아가는 멍게는 어릴 때는 가지고 있던 신경을, 바위에서 고착생활을
하면서 모두 소화해 없애버린다고 하네요.

멍게는 왜 신경계를 없애버렸을까요? 필요가 없기 때문입니다. 바다를 헤엄
치며 다니는 어린 멍게에게는 실시간으로 바뀌는 환경을 느끼고, 위험을 피하
고, 먹을 것을 찾아서 재빠르게 움직이는 것이 매우 중요합니다. 그럴 때 필요
한 것이 신경계이지요. 이 중요한 신경계가 부착 생활을 하게 되면 아무 쓸모
가 없습니다. 그런데, 쓸모가 없다고 해도 군이 소화해 없애버릴 필요까지 있
을까요?

신경 세포는 어떤 특성을 가졌기에 빠른 신호전달이 가능하고, 어떤 방법으로
신호를 전달하고 있는지, 그리고 어떻게 조절되는지 함께 알아보기로 해요.

인간 행동의 근원, 전기 그리고 화학

오랜만에 외식을 나간 수빈이네 가족은 아버지가 좋아하시는 낙지 탕탕이를 주문했습니다. 낙지 다리가 소금으로 간이 된 기름장에서 요동치고 꼬물거리는 모습을 보면서 수빈이는 차마 먹을 수가 없겠다는 생각이 들었어요. 낙지는 이미 죽었는데도 다리들이 움직일 수 있는 게 정말 신기했습니다.

시간이 지나자 움직임이 서서히 없어졌어요. 그런데 간장 소스에 닿은 낙지 다리가 다시 움직이기 시작하는 것이에요. 그 모습이 신기해서 수빈이도 한번 간장 소스를 뿌려 보았습니다. 하지만 움직임이 되살아나지 않네요. 왜 수빈이가 간장을 뿌렸을 때는 아무 일도 일어나지 않았을까요? 여러분도 이런 경험이 있나요?

낙지뿐만 아니라 다른 동물들의 움직임과도 관련이 있는 세포가 있습니다. 바로 뉴런이라고 불리는 **신경 세포**인데요. 신경계를 이루는 구조적·기능적 기본 단위인 **뉴런**은 기능을 잘 수행하기 위해 매우 특이한 모습을 하고 있어요.

자극을 받아들이고 신호를 전달할 수 있도록 **가지 돌기**, **신경 세포체**, **축삭 돌기**와 같이 특수하게 분화된 구조를 하고 있어요. 가지 돌기를 통해 신호가 입력되고, 축삭 말단을 통해 다른 신경 세포 또는 효과기(근육 또는 분비샘)로 신호가 전달됩니다.

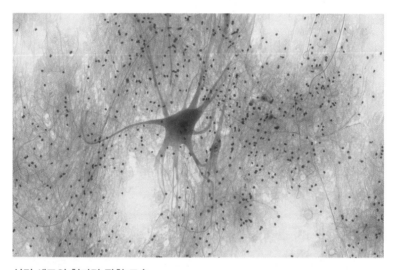

신경 세포의 현미경 관찰 모습
신경 세포체에서 수많은 돌기가 뻗어나간 것을 볼 수 있다

가지 돌기가 뻗어 있는 만큼 정보를 받아들일 수 있게 됩니다. 축삭의 길이가 길수록 뉴런의 길이도 길어지는데, 뉴런의 길이는 저마다 달라서 몇 m가 되는 것도 있어요. 기린을 떠올려 보면 이해가 금

방 갈 거예요. 척수에서 근육까지 하나의 신경으로 연결되는데, 기린의 발에 뻗어 있는 뉴런은 몇 m가 되어야 신호를 받고 전달할 수 있겠지요.

뉴런에 따라서 어떤 것은 축삭에 **말이집**이 있지만 어떤 것은 없기도 해요. 말이집이 없는 신경은 **민말이집 신경**이라고 합니다. 주로 운동 뉴런에 말이집이 있습니다. 말이집이 있는 말이집 신경은 축삭을 통해 전기 신호의 전도 속도가 매우 빨라요.

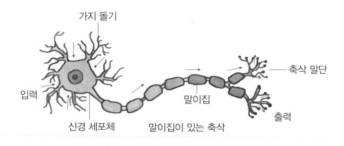

신경 세포의 구조

뉴런은 기능에 따라 **감각 뉴런**, **연합 뉴런**, **운동 뉴런**으로 구분합니다. 감각 뉴런은 몸의 말단 쪽에서 중추를 향해 신호를 보내기 때문에 중심을 향한다고 해서 **구심성 신경**이라고 해요. 운동 뉴런은 반대로 중추의 신호를 근육과 같은 효과기에 전달하니까 중심에서 바깥을 향한다고 해서 **원심성 신경**이라고 합니다. 구심성이든, 원심성이든 뉴런이 신호를 전달하기 위해 특수하게 분화된 세포예요. 어떻게 신호가 생겨나고 이동하는지도 한번 살펴 봐요.

신경 세포는 세포막을 경계로 이온의 분포 양상이 달라요. 세상에서 일어나는 많은 현상은 균일해지는 방향으로 일어나죠. 온도가 다른 물질이 닿아있어도 시간이 지나면 같아지고, 물에 물감 한 방울이 떨어져도 시간이 지나면 모두 물의 색은 균일해져 있어요. 그런데 특이하게 살아있는 생명체 속은 불균형이 가득해요. 이러한 불균형이 생명체의 특성이기도 하답니다. 신경 세포막 안팎의 이온 분포도 마찬가지예요. 전하를 띠는 이온 분포의 불균형은 세포막을 경계로 전위차를 만드는데, 이를 **막 전위**라고 해요.

생명체는 평소에 ATP를 사용하면서 세포 안쪽과 바깥쪽의 전위차를 −70mV 정도 유지한답니다(**분극**). 자극이 오면 외부의 양이온인 나트륨이온이 급격하게 내부로 유입되면서 내부가 일시적으로 +35mV 정도까지 변해요(**탈분극**). 그리고는 금방 처음 상태로 돌아오게 됩니다(**재분극**). 유입된 나트륨이온이 확산하면서 주변에서도 같은 일이 벌어지게 되는데, 전기적 상태가 연속해서 변하게 되는 것이지요. 이렇게 뉴런에서는 전기 신호가 이동하고, 이를 **흥분의 전도**라고 합니다.

신경 세포 안팎의 전위 차는 에너지를 사용하면서 유지하게 되는데, Na^+-K^+펌프가 ATP를 써가면서 이온 분포 차이가 나도록 유지하는 거예요. 신경 세포에 ATP가 없다면 이온 분포는 곧 안팎이 같아질 거겠죠. 하지만 살아있는 신경 세포는 에너지까지 써가면서 긴장 상태를 유지하고 있는 거예요.

자극이 오면 일시적으로 긴장 상태가 역전되는 것이 **활동 전위**의 발생입니다. 대부분 활동 전위는 1~2ms 정도로 아주 짧은 시간 동안 지속하기 때문에, 뉴런은 1초에 수백 번의 높은 빈도로 활동 전위가 발생합니다. 활동 전위의 크기는 변화가 없지만, 이 빈도는 자극의 세기가 커질수록 증가해서 센 자극이 왔다는 신호가 돼요.

흥분의 전도 속도는 말이집의 유무에 영향을 받습니다. 활동 전위 생성에 관여하는 이온 통로들이 **랑비에 결절** 부분에 분포된 말이집 신경에서 다음 랑비에 결절로 건너뛰듯이 전도되는데, 이를 **도약 전도**라고 해요. 같은 지름의 민말이집 신경과 비교하면 100배 정도 빠

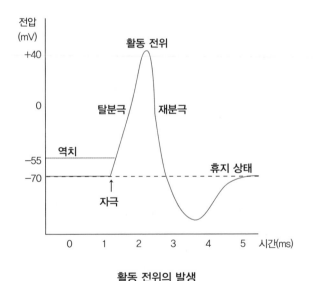

활동 전위의 발생

활동 전위가 발생하는 동안 세포막을 경계로 탈분극과 재분극이 일어난다

릅니다.

양파 체세포분열 관찰 실험을 할 때, 분열 중인 세포를 하나도 볼 수 없었습니다. 그런데 선생님께서 사용하는 현미경으로 보니, 하나로 뭉쳐진 핵인 줄 알았던 것이 가닥가닥 구분된 염색체라는 걸 알 수 있었어요. 좋은 도구를 사용하니 관찰하기가 훨씬 수월하고 정확하게 정보를 알아낼 수 있네요.

이런 일은 생명과학의 연구 역사에서도 계속 반복됐습니다. 21세기 초까지만 해도 생물학자들은 두 뉴런 사이의 신호 전달이 전기적 신호로 이루어지리라 생각했어요. 왜냐하면 두 개의 뉴런이 연결되어 있었거든요. 분해능이 더 좋은 현미경이 개발되고 나서야 뉴런과 뉴런이 서로 연결되지 않고 아주 미세한 틈을 두고 있다는 걸 알게 되었죠. 이것을 **시냅스 틈**이라고 하는데, 이 시냅스 틈 때문에 전기 신호가 다음 뉴런으로 이동할 수 없습니다.

전기 신호가 축삭 말단에 도달하면 시냅스 소포에 싸인 화학물질을 분비하고, 이 화학물질이 시냅스 이후에 있는 뉴런 세포막에 탈분극이 일어나도록 해요. 시냅스 후 뉴런으로 자극이 전달되는 것이지요. 이 화학물질을 **신경전달물질**이라고 합니다.

대표적인 신경전달물질로 **아세틸콜린**을 들 수 있어요. 시냅스에서 신경전달물질의 작용을 강화하거나 방해함으로써 흥분 전달에 영향을 미치는 약물로는 각성제, 진정제, 환각제가 있어요. 이러한 약물의 사용은 신경계의 기능에 심각한 이상이 나타날 수 있습니다.

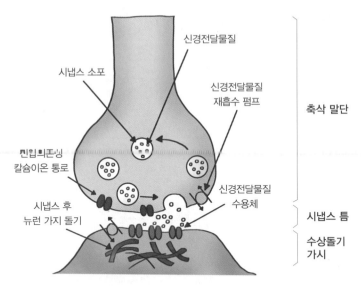

축삭 말단과 다음 뉴런 사이의 시냅스에서 일어나는 화학 신호의 전달

　전기 신호로 빠르게 전달하면 될 것이 왜 굳이 더 느리고 복잡한 방법을 사용하는 걸까요? 이전에 말한 대로 생각해 보면 에너지를 더 많이 쓰는 것은 생물에게 절대로 유리할 리가 없는데 말이죠. 시냅스를 통한 흥분 전달이 신경 세포 내에서의 흥분 전도보다 속도가 느린데도 필요한 까닭은 자극의 통합에 중요하기 때문이에요.

　만약 신경세포들이 모두 붙어 있다면 신호가 오면 무조건 전달하겠죠. 그런데 시냅스 틈이 있으면 얘기가 달라집니다. 각 신경 세포는 보통 약 1,000~10,000개의 신경 세포와 시냅스를 형성하고 있어요. 이렇게 많은 시냅스로부터 오는 신호들의 정도와 세기에 따라 신경 세포는 활동 전위를 발생시키거나 발생시키지 않는 방식으로 정

보를 처리하게 됩니다. 인공지능은 바로 신경 세포의 이런 정보처리

방식을 흉내 내고 있답니다.

뇌가 원하면 근육은 수축한다

남학생들이 모여서 서로 근육 자랑 중입니다. 근육에 힘을 주니 부풀어 오르고 정말 근육이 발달한 것 같기도 하네요. 뼈도 한번 수축시켜 보세요. 뇌를 수축시켰다가 이완시켜 볼까요? 못하겠지요? 하지만 근육은 할 수 있어요. 근육만의 수축 장치가 있거든요.

근육 세포는 여러 개의 핵을 가지고 있어요. 그리고 기다랗죠. 세포 안은 또 기다란 **근원 섬유**들로 가득 차 있어요. 마치 국수 재료인 소면이 봉지 속에 있는 것처럼 말이죠. 근원 섬유는 얼룩덜룩하게 보이는데, 자세히 보면 밝기와 어둡기가 규칙적으로 반복되는 **근육 원섬유 마디**를 볼 수 있어요. 밝은 부분에는 가느다란 세로선이 보이는데, 이 선을 Z선이라고 해요. 이 Z선과 Z선 사이를 하나의 근육 원섬유 마디라고 합니다. 근육의 수축은 근육 원섬유 마디의 수축에서 시작돼요.

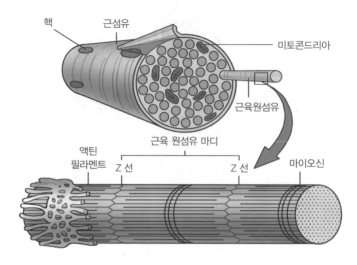

근육 세포와 근육 세포를 채우고 있는 근육 원섬유

근육 섬유에는 운동 뉴런이 뻗어 있어요. 뇌나 척수에서 움직이라는 명령을 내리면 운동 뉴런의 끝에서 신경 전달 물질이 분비되고, 이에 자극받아서 근육 수축이 시작됩니다. 근육 수축은 근육 원섬유 마디에 있는 단백질인 **액틴 필라멘트**가 마이오신 사이로 미끄러져 들어가면서 일어나며, 이때 ATP가 사용돼요. 이렇게 필라멘트가 미끄러져 가며 근육 수축이 일어난다는 이론을 **활주설**이라고 해요.

믿음으로 움직이는 빈틈없는 회로망

혹시 드라마에서 이런 장면을 본 적이 있나요? 커다란 건물 맨 꼭대기 층, 커다란 문을 열고 들어가면 회장님이 결재서류를 유심히 살펴보고 있습니다. 그리고 하나씩 물어 보네요. 물음에 맞춰 정보를 알려드리니 만년필로 서류에 사인하고 뭔가를 명령합니다. 직접 알아보는 게 아니라 직원이 알려 주는 정보를 바탕으로 판단하고 명령하는 거죠.

우리 몸에서도 비슷한 일이 벌어지고 있어요. 세상을 직접 보지는 않지만, 하위 단계에서 전해 주는 정보를 바탕으로 판단을 내리고, 그 명령이 실행되는 곳으로 전달하지요. 바로 **신경계**에서 일어나는 일입니다.

뇌는 사람의 두개골과 뇌척수액에 싸여서 온몸의 중요한 일을 명령 내리지만, 실제 감각을 하지는 않아요. 전해 준 정보를 믿고 판단

할 뿐이지요. 그래서 간혹 잘못된 판단을 하기도 합니다. 그걸 교묘하게 이용할 수도 있어요. 누군가를 좋아한다면 흔들다리 또는 놀이공원의 롤러코스터 탑승 이후를 노리라는 말이 있습니다. 긴장해서 심장이 두근거릴 때 누군가로부터 고백을 받으면, 뇌는 심장의 빠른 박동 원인을 착각해요. 긴장 때문이 아니라 자신도 그 사람을 좋아해서 심장이 빠르게 뛰는 거라고 판단한다고 하네요. 그런 예외적인 경우를 빼고 보면 뇌는 직접 보지도, 듣지도 않으면서 굉장히 잘 판단합니다. 온몸의 신경으로부터 오는 정보들이 틀리지 않았기 때문이겠지요.

신경계는 **중추 신경계**와 **말초 신경계**로 구성됩니다. 말초 신경계의 감각 신경을 통해 중추 신경으로 신호가 전달되면 중추 신경은 신호의 특성에 따라 반응 여부를 결정해요. 그 이후 말초 신경계의 운동 신경을 통해 명령을 내리게 되고, 운동 신경은 골격근이나 분비샘에 연결되어 반응하게 됩니다.

뇌와 척수로 구성된 중추 신경부터 살펴볼게요. 중추 신경계는 **뇌**와 **척수**로 구성됩니다. 뇌는 **대뇌**, **소뇌**, **간뇌**, **중간뇌**, **뇌교**, **연수**로 구성되어 있어요.

대뇌는 고등 정신 활동과 감각을 담당하지요. 의지에 따라서 움직이는 수의(隨意) 운동의 중추이기도 해요. 대뇌는 사람의 뇌에서 가장 큰 부분인데, 좌우가 나뉘어 있어요. 잘라서 보면 단면은 겉질과 속질이 뚜렷하게 구분됩니다. 겉질은 진한 회색질, 속질은 밝은 백색

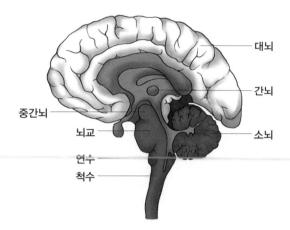

대뇌, 소뇌, 간뇌, 중간뇌, 뇌교, 연수로 구성된 사람의 뇌

질이에요. 겉질에는 신경 세포가 밀집해 있어 시냅스를 통한 자극의 통합이 활발하게 이루어집니다.

사람은 다른 동물보다 똑똑하다고 하죠. 언어도 사용할 수 있고, 문화도 형성하고, 사회를 엄청난 속도로 변화시켜 왔으니까요. 어떻게 이렇게 똑똑한 걸까요? 뇌의 크기가 크거나 뇌에 신경 세포가 많아서일까요? 사람의 뇌 신경 세포가 1,000억 개, 침팬지는 300억 개, 쥐는 7,000만 개라고 하니 그 말이 맞기도 한 것 같습니다. 그런데 코끼리 뇌의 뉴런이 2,600억 개라네요. 사람의 약 3배 가까이 되는 수입니다. 수나 크기의 문제가 아니라 신경 세포 사이의 의미 있는 시냅스가 훨씬 중요하다고 합니다. 대뇌 겉질에 시냅스가 많이 분포하고 있으니 대뇌가 맡은 중요한 일들은 주로 겉질에서 일어나겠네요. 백색질은 신호를 전달해주는 역할을 담당하고요.

소뇌는 뒤통수 쪽으로 대뇌의 아래쪽에 있어요. 몸의 평형 유지와 운동의 중추입니다. 힘들게 몸을 굴려 가며 배운 기억은 소뇌에 저장이 되죠. 그래서 훈련이 잘되면 몇 년이 지나서도 의식적으로 생각하지 않고도 멋지게 해낼 수 있어요. 몸이 기억한다고 할 정도로 자동으로 해낼 수 있지요. 몸이 기억한다는 말은 바로 소뇌에 기억되어 있다는 의미입니다.

간뇌는 좌뇌와 우뇌 사이에 덮여서 일부만 보이지만 보기보다 크고 중요한 뇌입니다. 사이에 끼었다고 해서 사이뇌라고도 하죠. 시상과 시상하부로 나눌 수 있어요. 온몸에서 받아들인 자극 정보를 시상에서 판단하여 대뇌의 어느 부위로 보낼지, 보내지 않을지를 정합니다. 마치 우편 집중국 같은 곳이지요. 시상하부는 몸의 항상성 유지에 중요한 기능을 수행합니다. 중간뇌, 뇌교(다리뇌), 연수(숨뇌)를 합하여 **뇌줄기**라고 하며, 생명 유지에 중요한 기능을 해요. 뇌줄기에 심각한 손상이 있어서 모든 기능을 잃게 되면 뇌사라고 합니다. 심장이 멈추어야 사망했다고 말하지만 뇌사라면 돌이킬 수 없는 실제적인 죽음에 이르게 된 것이에요. 그만큼 뇌줄기가 생명 유지에 중요하다는 의미입니다.

뾰족한 물건에 손을 찔리면 우리는 어떻게 할까요? 아주 재빠르게 팔을 움츠리게 되죠. 뜨거운 걸 만졌을 때도 마찬가지입니다. 조금이라도 더 빨리 피한다면 피해를 줄일 수 있는데, 이 일을 담당하는 게 바로 **척수**입니다. 척수는 척추뼈에 의해 보호되고 있어요. 바깥쪽은 주로 신경 세포의 축삭 돌기가 모인 백색질이고, 안쪽은 회색질입니다. 척수는 뇌와 말초 신경계 사이에서 정보를 전달하는 역할을 해서 손상되면 아무리 뇌가 명령을 내려도 근육이 수축하지 못하고, 몸에 닿은 감각도 뇌로 전달되지 못하게 됩니다. 정보를 전달하는 것은 중추의 기능은 아니지만, 척수는 큰 자극이 왔을 때 빠르게 피하는 회피 반사, 무릎 반사, 배뇨·배변 반사의 중추 역할을 해서 뇌와 더불어서 중추 신경계를 이룬답니다.

말초신경은 중추 신경에 뇌와 척수에 연결되어서 온몸에 뻗어 있어요. 위치에 따라서 뇌에 연결된 것은 **뇌 신경**, 척수에 연결된 것은 **척수 신경**이라고 해요. 뇌 신경은 시신경, 후각신경 등 총 12쌍이 있고, 척수 신경은 31쌍이 있어요. 기능에 따라서는 체성신경, 자율신경으로 구분하는데, 느끼고 뇌와 척수의 명령을 골격근에 전달하는 것은 **체성신경**, 내장 기관과 내분비샘의 기능 조절에 관련되면서 의식적으로 조절하지 못하는 것은 **자율신경**이에요. 체성신경계는 기능적인 측면과 아울러 구조적인 측면에서도 자율신경계와 구별됩니다. 체성신경계는 척수에서 나온 뉴런이 직접 작용 기관과 시냅스를 형성하는 반면, 자율신경계는 척수에서 나온 뉴런이 내장 기관에 이르기 전에 다른 뉴런과 시냅스를 형성해요.

자율신경은 중간뇌, 연수, 척수에서 뻗어나가며, **교감 신경**과 **부교감 신경**으로 구별하고, 서로 길항적으로 작용합니다. 길항이라는 것은 하나는 나아가게 하고, 하나는 막는다는 뜻이에요. 서로 반대 방

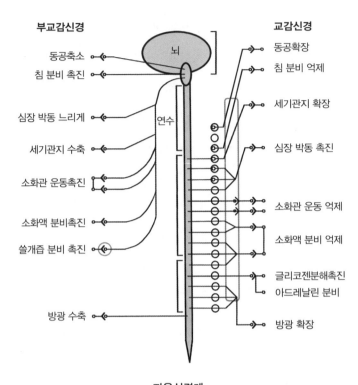

부교감신경

동공축소

침 분비 촉진

심장 박동 느리게

세기관지 수축

소화관 운동촉진

소화액 분비촉진

쓸개즙 분비 촉진

방광 수축

뇌

연수

교감신경

동공확장

침 분비 억제

세기관지 확장

심장 박동 촉진

소화관 운동 억제

소화액 분비 억제

글리코젠분해촉진
아드레날린 분비

방광 확장

자율신경계
부교감 신경과 교감 신경과 효과기의 연결

향이죠. 그래서 같은 기관에 뻗어 있더라도 교감 신경과 부교감 신경
은 반대 작용을 하게 돼요. 교감 신경이 혈압을 높여주지만 부교감
신경은 혈압을 낮춰주며 서로 반대 작용을 하죠. 자율신경은 주로 순
환, 호흡, 소화, 호르몬 분비 등 생명 유지에 필수적인 기능에 관여합
니다. 교감 신경계와 부교감 신경계는 대부분 기관에 함께 분포하며,
교감 신경의 신경절 이후 뉴런의 축삭 말단에서는 노르에피네프린이

분비되고, 부교감 신경의 신경절 이후 뉴런의 축삭 말단에서는 아세틸콜린이 분비되어 근육이나 명령이 수행되는 조직과 같은 효과기에서의 작용이 다르게 나타난답니다.

일반적으로 교감 신경계는 흥분 또는 긴장 상태에서 작용하여 동공이 커지고 심장 박동이 촉진되며 호흡이 빨라지도록 함으로써 몸 상태를 위기에 대처하기에 알맞은 상태로 만들어요. 들판에서 천적을 만났다면 바로 도망을 가거나 대항해서 싸울 수 있는 상태로 만들어 주죠. 반면 부교감 신경계는 몸을 매우 안정적인 상태를 만들어 줍니다. 소파에 몸을 눕다시피 해서 앉은 상태로 편안하게 TV를 보면서 맛있는 과자를 먹고 있다고 상상해 보세요. 이때와 같은 상황에서는 혈압도 높을 필요가 없고, 호흡도 느리지요. 이렇게 교감 신경과 부교감 신경은 몸의 상태를 다르게 합니다.

교감 신경과 부교감 신경의 길항작용이 극단적으로 나타나는 일도 있어요. 몸이 심한 통증을 느끼거나 극도의 스트레스를 받는 상황이 되어서 교감 신경이 극도로 흥분하게 되면 몸을 안정시키기 위해서 반대로 작용하는 부교감 신경이 갑자기 흥분되는 거죠. 그러면 어떻게 될까요? 혈압이 갑자기 낮아지고, 혈당도 갑자기 낮아지면서 기절을 할 수도 있어요. 만성적으로 이런 현상을 경험하는 사람들이 있어요. 미주신경성 실신이라는 병명이 붙는 이 증상은 치료하기가 어렵다고 하네요. 기절할 때 머리를 부딪히지 않도록 조심하고, 스트레스 관리를 잘해야 한다는 정도가 이런 사람들에게 해 주는 조언이라고 합니다.

두 자율신경의 서로 반대되는 **길항작용**은 항상성에 있어서 매우 중요한 역할을 합니다. 자율신경이 몸의 항상성을 유지하도록 조절하는 곳은 바로 간뇌의 시상하부예요. 체내 상태의 변화가 감지되면 자율신경을 통해 내장 기관의 기능과 호르몬 분비를 조절하여 체내의 상태를 일정하게 유지하는 거죠.

- **뉴런의 구조**

  신경계를 구성하는 기본 단위인 뉴런은 신호를 받는 가지 돌기와 다른 신경 세포나 효과기까지 연결되는 축삭 돌기를 가지고 있어서 신호의 전달이라는 임무를 수행하기 적합합니다. 세포의 생명 활동에 필요한 주요 기능은 신경 세포체에서 담당하고 있어요. 뉴런은 기능에 따라 감각 뉴런, 연합 뉴런, 운동 뉴런으로 나누고, 모양에 따라서는 말이집 뉴런과 민말이집 뉴런으로 나눠요.

- **흥분의 전도**

  뉴런에서 이동하는 신호는 전기 신호입니다. 평소에 ATP를 사용하면서 세포 외부와 내부의 전위차를 $-70mV$ 정도 유지하다가(분극), 자극이 오면 외부의 나트륨이온이 급격하게 내부로 유입되면서 내부가 일시적으로 $+35mV$ 정도까지 변했다가(탈분극) 처음 상태로 돌아오게 됩니다(재분극). 유입된 나트륨이온이 확산하면서 주변에서도 같은 일이 벌어지게 되는데, 전기적 상태가 연속해서 변하게 되는 거예요. 이렇게 뉴런에서는 전기 신호가 이동하고, 이를 흥분의 전도라고 합니다.

- **흥분의 전달**

    뉴런과 뉴런은 서로 연결되어 있지 않고 아주 미세하게 틈이 있습니다. 이것을 시냅스 틈이라고 하는데, 이 시냅스 틈 때문에 전기 신호가 이동할 수 없습니다. 대신 축삭 말단에서 시냅스 소포에 싸인 화학물질을 분비하고, 이 화학물질에 의해 시냅스 후 뉴런의 세포막에 탈분극이 일어나면서 시냅스 후 뉴런으로 자극이 전달돼요. 이 화학물질을 신경전달물질이라고 하며, 대표적인 신경전달물질로 아세틸콜린을 들 수 있어요.

- **근육 수축**

    골격에 부착된 근육 세포는 여러 개의 핵을 가지고 있으며 기다란 구조를 하고 있습니다. 그리고 내부에는 근원 섬유들이 가득 차 있는데, 근원 섬유를 구성하는 밝고 어둡기가 반복되는 근육 원섬유 마디가 수축하면 근육이 수축합니다. 근육 원섬유 마디를 구성하는 액틴 필라멘트가 마이오신 사이로 미끄러져 들어가는데, 이때 ATP를 사용해요. 근육 원섬유 마디가 수축하는 이 과정을 설명하는 이론을 활주설이라고 합니다.

- **신경계의 구성**

    신경계는 중추 신경계와 말초 신경계로 구성됩니다. 말초 신경계의 감각 신경을 통해 중추 신경으로 신호가 전달되면 중추 신경은 신호의 특성에 따라 반응 여부를 결정하여 말초 신경계의 운동신경을 통해 명령을 내리게 되고, 운동신경은 골격근이나 분비샘에 연결되어 반응하게 됩니다.

- **중추 신경계**

    중추 신경계는 뇌와 척수로 구성됩니다. 뇌는 대뇌, 소뇌, 간뇌, 중간뇌, 뇌교, 연수로 구성되어 있어요. 대뇌는 고등 정신 활동과 감각, 수의 운동의 중추예요. 소뇌는 몸의 평형 유지 및 운동 중추이고, 간뇌는 시상과 시상하부로 구성되어 있어요. 시상하부는 몸의 항상성 유지에 중요한 기능을 수행합니다. 중간뇌, 뇌교, 연수를 합하여 뇌줄기라고 하며, 생명 유지에 중요한 기능을 합니다. 척수는 빠르게 일어나는 회피 반사, 무릎 반사, 배뇨 · 배변 반사 중추입니다.

• **말초 신경계**

말초 신경은 위치에 따라 뇌에 연결된 것은 뇌 신경, 척수에

연결된 것은 척수 신경이라고 합니다. 기능적 특성에 따라서

는 느끼고 뇌와 척수의 명령을 골격근에 전달하는 체성신경,

내장 기관과 내분비샘의 기능 조절에 관련된 자율신경으로

구분합니다. 자율신경은 중간뇌, 연수, 척수에서 뻗어 나가며,

교감 신경과 부교감 신경으로 구별해요. 주로 순환, 호흡, 소

화, 호르몬 분비 등 생명 유지에 필수적인 기능에 관여합니다.

Chapter
6

우리 몸의 항상성 조절

·

어느 날 눈을 떴더니 조선 시대로 와 있습니다. 꿈인가 하고 몇 번을 눈을 깜빡거리고 팔을 꼬집어 봐도 조선 시대가 맞네요. 나름 적응을 하는가 했는데, 어떤 이유인지는 모르겠지만 다시 원래 살던 현대로 왔어요. 가족들은 갑자기 사라진 저를 찾아서 백방으로 수소문을 하고 다녔다네요. 가족들에게 자초지종을 설명하려고 했더니 이번엔 갑자기 100년 후 지구로 와 버렸어요.

이런 건 소설, 드라마, 영화 같은 데서 나오는 장면이지요. 내 삶이 이렇게 변화무쌍하면 소설에서는 흥미진진할지 몰라도 그 삶을 실제로 사는 사람에게는 지옥이 따로 없을 거예요. 우리 몸의 세포들도 마찬가지입니다. 어느 정도 일정한 내부 환경이 유지되어야 세포 내에서 일어나는 생명 활동들이 안정적으로 일어날 수 있습니다. 그래야 결국 내 몸이 건강한 것이고요.

우리는 건강한 몸을 위해 잘 먹고, 잘 쉬고, 운동하고, 즐거운 마음을 가지려고 합니다. 의식적으로 노력하고, 간혹 포기하기도 하고, 슬쩍 미루기도 하는 일들이지만 우리 몸은 미루지도 포기하지도 않고 지속해서 일정한 환경을 유지하기 위해서 고군분투하고 있어요. 그럼 어떤 일들이 벌어지는지 함께 알아볼까요?

무엇이 늘 같을까?

친구에게 구피를 분양받기로 약속했습니다. 인터넷으로 찾아본 구피의 모습은 가느다란 몸에 화려한 꼬리지느러미를 뽐내고 있었어요. 열대어라는 생각이 들었고, 영화 〈니모를 찾아서〉에서 본 물고기처럼 바다에 살겠다는 생각이 들었죠. 바닷물을 어떻게 구할지 난감했습니다. 집에서 요리할 때 쓰는 소금을 넣어도 될까? 그렇다면 얼마나 넣어야 하지? 온갖 고민이 밀려오기 시작했습니다. 결국 친구에게 전화를 걸어 물어보았는데, 구피는 민물고기여서 염소를 충분히 제거한 수돗물에 키워도 된다는 거예요. 천만다행이라며 안심을 하면서 문득 바닷물에 사는 물고기를 민물에 키운다면 어떤 일이 벌어지는지 궁금해졌습니다.

바닷물에 사는 무척추동물들은 체액과 바닷물의 농도가 같아요. 그래서 수분 균형에 아무런 문제가 없습니다. 하지만 물고기와 같은 척추동물은 체액이 바닷물 농도보다 낮아요. 그래서 물을 마시면 오히려 체액의 물을 빼앗기는 효과가 생깁니다. 그래서 신장과 아가미를 통해 염류를 배출하죠. 이에 반해 민물에 사는 물고기는 환경보다 체액의 농도가 더 높지요. 그래서 먹이와 아가미를 통해 염류를 섭취해 준답니다. 아가미만 비교해 보더라도 기능이 다르니까 평소에 사는 환경이 아니면 잘 살기가 어렵겠죠.

우리 몸도 물고기들처럼 내 몸의 상태를 잘 유지하기 위해서 끊임없이 노력해요. 체액의 농도뿐만 아니라 체온, 혈당량, 혈압 등을 일정하게 유지하고 있습니다. 우리 몸은 신경과 호르몬을 통해 여러 기관들 사이에서 서로 신호를 주고받으면서 체내 환경을 일정하게 유지하고 있어요. 그중에서 우리 몸의 내부로 호르몬을 분비하는 기관을 **내분비샘**이라고 하며, 내분비샘에서 만들어져 혈관으로 분비되어 운반되는 화학 물질을 **호르몬**이라고 해요.

호르몬은 적은 양이 혈액으로 분비되고 표적 세포에 신호를 전달하게 됩니다. 신경보다 작용 속도가 느리지만 지속해서 작용하며, 여러 표적 세포에 광범위하게 영향을 미치므로 항상성뿐만 아니라 생식, 발생, 생장 과정에 중요한 역할을 합니다. 여러 내분비샘 중 뇌하수체 전엽은 다른 내분비샘을 자극하여 분비를 조절할 수 있는 호르몬을 분비합니다.

우리 몸의 주요 내분비샘은 **뇌하수체** 이외에도 갑상샘, 이자, 부신, 생식샘 등이 있어요. **갑상샘**에서는 티록신이라는 호르몬이 분비되는데, 혈액 속 티록신 농도가 일정하게 유지되어야 세포들의 에너지 대사가 원활하게 일어난답니다. 그래서 뇌하수체 전엽에서 TSH(Thyroid Stimulating Hormone)를 분비하면 갑상샘이 자극을 받아 티록신을 분비하게 됩니다. 그러다가 티록신의 농도가 많아지면 TSH의 분비가 정지됩니다. 뇌하수체 전엽의 TSH 분비는 더 상위 단계인 시상하부가 혈중 티록신 양을 감지하여 TRH(Thyrotropin-Releasing Hormone)의 양을 조절하게 됩니다. 결국 최종 분비되는 티록신이 거꾸로 가장 상위 단계인 시상하부의 TRH 분비를 조절하게 되는 거죠. 호르몬뿐만 아니라 신경계도 체내 항상성 조절에 관여합니다. 교감 신경과 부교감 신경은 대부분 한 기관에 분포해서, 어느 한쪽이 올라가면 다른 한쪽이 내려가듯이 반대로 작용하게 됩니다. 이렇게 해서 서로 효과를 상쇄시키는 작용을 하면서 항상성을 조절하는 거예요.

오줌이 달다고 세포가 달지는 않아

당뇨병을 앓고 계신 할아버지께서 갑자기 쓰러지셨다는 연락을 받았습니다. 다행히 금방 회복이 되었다고 하는데, 자세한 얘기를 듣고 보니 조금 이상합니다. 할아버지의 오랜 지병인 당뇨병은 혈당이 높아서 생기는 질병인데, 정작 쓰러지신 이유는 저혈당 쇼크라는 거예요. 어떻게 된 일일까요?

혈당은 높은 게 위험할까요, 아니면 낮은 게 위험할까요? 당뇨병의 위험성에 대해 익히 들어 왔기 때문에 혈당이 높은 게 더 위험하다고 생각할지도 모르겠네요. 물론 둘 다 위험합니다. 하지만 즉각적으로 쓰러지고, 그 상태를 지속하면 매우 심각해지는 쪽은 혈당이 낮을 때입니다. 그래서 우리 몸에는 혈당을 높이는 방법이 더 많답니다.

이자에서는 글리코젠을 포도당으로 분해하는 호르몬인 글루카곤을 분비하고, **부신피질**에서는 당질 코르티코이드를 분비합니다. **부**

신수질에서 분비되는 에피네프린과 노르에피네프린도 혈당을 높이는 데 관여합니다. 그런데 혈당을 낮추는 방법으로는 무엇이 있을까요? 맞습니다. **인슐린**이 유일합니다. 그만큼 우리 몸은 혈당을 높이기 위해서 고군분투하고 있어요.

성인 당뇨병의 경우 대부분 인슐린 분비 이상이 원인입니다. 그래서 인슐린 주사를 투여받아야 하지요. 그런데 인슐린은 혈당을 낮출 때 간에서 포도당을 글리코젠으로 합성시켜주는 기능 말고도 혈액에 있는 포도당을 세포 내로 흡수시키는 기능도 있다고 합니다. 그러니까 혈액에 포도당은 많지만 정작 세포는 굶고 있는 거죠.

이런 이유 때문에 당뇨병이 있으신 분들은 사탕이나 초콜릿을 가지고 다니면서 오히려 혈당이 떨어지지 않도록 반드시 관리해야 합니다. 그리고 당뇨병 환자가 혈당량을 제대로 조절하지 못하면 콩팥의 기능 약화, 시력 상실과 같은 심각한 합병증이 나타날 수 있습니다. 우리 몸에서 혈당량 조절 능력이 떨어지니 이렇게나 힘들어지네요.

포도당은 체내의 주요 에너지원으로, 혈당량이 과다하거나 부족하면 세포의 정상적인 기능에 문제가 생깁니다. 따라서 혈당량은 일정하게 유지되어야 하는데, 이자의 랑게르한스섬에서 분비되는 호르몬인 인슐린과 글루카곤이 가장 큰 역할을 해요.

인슐린과 글루카곤의 분비량은 혈당량의 변화에 따른 음성 피드백 작용과 자율신경계에 의해 조절됩니다. 신경에 의해 조절된다는 것은 빠르게 조절이 이루어져야 한다는 의미를 내포하고 있죠. 그만큼 혈당 조절은 급속히 이뤄져야 하는 요소라는 뜻이에요.

물도 이젠 조심해서 먹어야 할 때

어떤 환자가 냉장고보다 커다란 투석 기계 옆에 누워서 투석을 받고 있습니다. 콩팥 기능이 떨어져서 스스로 오줌을 생성할 수 없게 되어, 투석기에 의존해 혈액 속의 노폐물을 걸러 내고 몸의 체액 농도를 유지하는 거예요. 그런데 투석 기계에 의존하는 환자들은 얼굴이나 몸이 주로 부어있습니다. 투석 기계로 충분히 체액의 농도를 조절해 주지 못하기 때문이지요.

우리 몸의 세포들은 대부분 외부 환경에 직접 노출되지 않고 체액에 둘러싸여 있습니다. 체액의 농도에 따라 체액과 세포 사이의 **삼투압** 차이로 세포의 형태가 변하고, 정상적인 기능을 할 수 없을 수도 있어요. 그래서 체액의 삼투압은 일정하게 유지되어야만 합니다. 우리의 체액은 잦은 변화에 직면해 있어요.

생수를 벌컥벌컥 마셨다고 생각해 보세요. 그 물이 모두 대변으로 배출되나요? 아니면 소화관 안에 계속 머물러 있을까요? 대부분이 소장을 통해 흡수되고, 일부는 대장을 통해 흡수됩니다. 물론 물이 흡수되는 과정에 Na^+도 함께 이동하지만 충분하지는 못합니다. 그러면 체액의 삼투압이 낮아지겠네요. 이제 김치까지 넣어서 맛있게 끓인 라면을 먹는다고 생각해 볼까요? 라면 국물 역시 우리 몸으로 흡수됩니다. 체액이 진해지는 순간이지요.

생수를 먹을 때나 라면 국물을 들이켤 때나 모두 물이 체내로 유입됩니다. 그러면 체액의 총량을 맞추기 위해서 몸 밖으로 물을 내보내야겠죠. 아니라면 혈압이 너무 높아지니까 위험해요. 그런데 어떤 경우에 더 많은 물을 내보낼까요?

체액의 삼투압은 체내 수분량과 무기염류의 양에 의해 결정됩니다. 물과 무기염류의 섭취량과, 콩팥을 통한 물과 무기염류의 배설량이 균형을 이루면 체액의 삼투압은 일정하게 유지됩니다.

만약 땀을 많이 흘려서 체액의 삼투압이 높아지고 체액의 양이 줄어들었다면, 시상하부는 항이뇨호르몬(ADH)의 합성을 늘리고 뇌하수체 후엽을 통해 이 호르몬을 분비합니다. 항이뇨호르몬이 분비되면 콩팥에서 수분의 재흡수가 촉진되어 오줌량은 줄고, 체내 수분량이 회복되면서 체액의 삼투압은 정상이 됩니다.

그런데 평소에 너무 짜게 먹는 사람은 고혈압이 될 가능성이 크다고 하는데, 왜 그럴까요? 체액의 삼투압이 높으면 체액량을 맞추는 것보다 삼투압을 정상으로 하기 위한 항이뇨호르몬의 분비가 계속 촉진될 수밖에 없습니다. 오줌의 배설량은 평소보다 줄고, 체액량은 많아져서 혈압이 높아지게 되지요.

그러면 물을 많이 먹는 게 좋은 걸까요? 콩팥이 조절할 수 있는 양보다 많은 양의 물을 단시간에 마시면 저나트륨혈증이 될 수 있습니다. 나트륨 보충 없이 물만 많이 마시는 것도 결코 좋은 것은 아니에요.

추울 땐 장갑을 끼자

북극이나 남극을 떠올리면 어떤 동물이 떠오르나요? 북극곰, 또는 펭귄이지요. 그럼 사막을 떠올려 보세요. 낙타가 떠오른다고요? 혹시 물리면 목숨이 위험한 방울뱀이 떠오르지는 않나요? 극지방에서는 뱀이나 개구리를 볼 수 없습니다. 정온 동물인 북극곰이나 펭귄과는 달리 변온 동물이기 때문이지요.

정온 동물은 끊임없이 체온을 유지하기 위해 노력합니다. 그렇다면 변온 동물은 어떤 전략을 취할까요? 따뜻한 곳에서는 체온을 올려서 열을 보관하며 활동했다가, 온도가 낮을 때는 납작 엎드려 가만히 있는답니다. 그래서 극지방에서는 도저히 살 수가 없는 거예요.

변온 동물과 달리 정온 동물에 속하는 우리는 약 37℃인 체온을 유지하기 위해서 다양한 전략을 구사하고 있습니다. 날씨가 추워지면 어떤 일이 벌어지나요? 열을 뺏기지 않고 만들어 내기 위해 많은 일이 벌어집니다. 가만히 있고 싶어도 온몸이 덜덜 떨리죠. 심하게 턱을 움직이며 떠는 경우도 있어요. 체표면으로 열을 뺏기지 않으려고 털세움근이 수축해서 소름이 돋기도 하고요.

추운 곳에 오래 노출되면 동상에 걸리기도 합니다. 동상은 내 몸이 스스로 자신을 구하기 위해서 몸의 말단을 포기해서 생기는 거랍니다. 체온을 잃지 않기 위해 피부 근처와 말단의 모세혈관을 수축시키거나 아예 혈액이 흐르는 경로를 말단 쪽까지 가지 않고 돌아올 수 있도록 바꾸기 때문이지요. 추운 겨울날 장갑을 끼고 있다면 혈액이 손끝까지 공급되니까, 추우면 잊지 말고 장갑과 부츠를 챙기세요. 아니면 우리 몸이 손발을 포기할 수도 있어요.

추울 때와는 달리 더울 때는 어떻죠? 열을 얼른얼른 뺏기려고 하지요. 더워서 체온이 평소보다 높아지면 땀이 흐릅니다. 땀샘에서 흘러나온 땀이 증발하면서 표면의 열을 뺏어 가기 때문에 체온이 떨어질 수 있는 거예요. 땀이 빨리 증발할 수 있도록 돕기 위해 우리는 부채나 선풍기로 바람을 일으켜 땀의 기화를 촉진시킵니다. 피부 근처의 혈관을 확장해서 빠르게 혈액이 식을 수 있도록 하다 보니 더울 때 얼굴이 붉어지는 거예요.

체온조절중추는 **시상하부**입니다. 시상하부가 설정한 온도보다 높거나 낮으면 바로 조절에 들어가게 되죠. 시상하부는 교감 신경과 부교감 신경이 연결된 영역에 영향을 끼쳐 항상성을 조절하는 역할을 해요. 교감 신경의 작용이 강화되면 털세움근을 수축시키고, 피부 근처의 혈관을 수축시켜 열 발산량을 감소시키게 되죠.

그런데 시상하부가 설정한 온도는 사람마다 약간씩 달라요. 어떤 사람은 체온이 다른 사람들보다 약간 높은 상태가 정상이기도 해요. 이런 경우는 체온을 높게 유지하는 데 에너지를 많이 사용하므로 기초대사량이 높답니다. 강아지를 키우는 사람들은 강아지의 체온이 40℃ 정도로 사람보다 더 높다는 것을 알거나, 안아 보면서 느꼈을 거예요. 강아지의 시상하부는 설정 온도를 좀 더 높게 설정해 두었답니다.

- **호르몬**

    호르몬이란 내분비샘에서 분비하는 화학 물질로, 혈액으로
    분비되고 미량으로 표적 기관의 기능을 조절합니다. 호르몬
    을 분비하는 내분비샘 중 대표적인 것으로 뇌하수체, 갑상샘,
    이자의 랑게르한스섬, 부신피질과 수질, 생식샘이 있습니다.
    뇌하수체는 시상하부의 아래쪽에 있으며, 많은 조절 호르몬
    을 분비하는 전엽과 2가지 중요한 호르몬을 분비하는 후엽으
    로 구성되어 있어요. 조절호르몬을 분비하여 다른 내분비샘
    의 작용을 조절합니다.

- **혈당 조절**

    혈당량은 세포에 필요한 당을 제공하고, 체액의 농도에 영향
    을 끼쳐서 여러 기관의 기능에 영향을 주므로 일정하게 잘 조
    절되어야 합니다. 혈당을 높이기 위해서는 간에 저장된 글리
    코젠을 포도당으로 분해하는 글루카곤 분비량을 높이고, 혈
    당을 낮추기 위해서는 포도당을 글리코젠으로 합성하는 인슐
    린의 분비량을 늘려야 해요.

- **삼투압 조절**

  체액의 농도 즉, 삼투압의 조절은 콩팥에서 이루어집니다. 체액의 농도가 높아지면 몸 밖으로 빠져나가는 물의 양을 줄이기 위해 콩팥에서는 물의 재흡수를 늘려요. 반대로 체액의 농도가 낮아지면 몸 밖으로 빠져나가는 물의 양을 늘리기 위해 콩팥에서 물의 재흡수를 줄입니다. 콩팥에서의 물의 재흡수는 항이뇨호르몬(ADH)에 의해 촉진되는데, 항이뇨호르몬은 뇌하수체 후엽에서 분비되는 호르몬입니다.

- **체온 조절**

  정온 동물인 사람은 시상하부에서 설정된 온도에 맞춰 체온을 조절합니다. 체온이 낮아지면 열 발산량을 줄여서 열을 빼앗기지 않도록 하고, 동시에 열 발생량을 늘려서 체온이 올라가도록 하지요. 체온이 높아지면 열 발산량을 늘려서 체온을 떨어뜨려요.

Chapter
7

우리 몸의 방어 작용

땡땡이를 치고 싶으면 귀를 마구 비벼서 열을 낸 다음에, 선생님께서 조퇴 허락을 받아 보라는 얘기가 있죠? 이 말만 믿고 덥석 실행에 옮겼다간 야단만 맞을 수도 있겠죠. 여기에서 하나 확실한 것은, 이 방법은 아플 때 열이 난다는 사실을 바탕으로 했다는 거예요. 그럼 가짜가 아니라 진짜로 아파서 열이 난다면 어떻게 해야 할까요?

몸이 바이러스나 세균과 싸우는 과정에서 면역세포가 화학물질을 분비하고, 이 화학물질이 뇌의 체온 조절 중추가 체온을 올리도록 해서 열이 난다는 주장이 있어요. 일부 연구자는 "백혈구나 면역세포가 체온이 적당히 상승한 환경에서 더욱 활발한 항균 작용을 한다"라는 연구 결과를 내놓기도 했습니다. 생각해 보면 상처 부위에서 열이 났던 것 같지 않나요?

우리 몸이 우리를 보호하기 위해 다양한 전략을 쓰고 있는 것 같네요. 어떤 다양한 전략을 구사하는지 함께 알아보기로 해요.

우물, 먹거나 혹은 막아 버리거나

1925년 중국의 오지, 한 영국인 의사와 마을 사람들 간에 다툼이 생겼습니다. 의사가 마을 사람들의 식수원인 우물을 폐쇄해버렸기 때문이에요. 마을 사람들은 "우리를 죽이려고 하나!"면서 의사가 돌보고 있는 환자들까지 집으로 데려가겠다고 아우성을 칩니다. 그런데 환자들이 누워있는 침대가 좀 특이하네요. 침대 가운데에 구멍이 뺑 뚫려 있습니다. 이른바 '콜레라 침대'예요. 윌리엄 서머셋 모옴이 쓴 소설을 바탕으로 만든 〈페인티드 베일〉이란 영화의 한 장면이었습니다. 그런데 의사는 왜 우물을 폐쇄했을까요?

살아가면서 사람들은 다양한 질병을 앓곤 합니다. 이러한 질병 중에는 유전, 환경, 생활 방식 등이 원인이 되는 고혈압이나 당뇨병, 혈우병 같은 것이 있고, 병원체가 우리 몸에 침입해서 발생하는 독감, 콜레라, 말라리아 같은 것이 있습니다. 유전, 환경, 생활 방식 등이 원인인 경우는 감염되지 않는 **비감염성 질병**이고, 병원체가 원인일 때는 다른 사람에게 전염되는 **감염성 질병**입니다.

감염성 질병은 세균, 바이러스, 원생생물, 곰팡이 등에 접촉했을 때 발생할 수 있습니다. 병원체는 물과 음식물의 섭취, 호흡을 통한 흡입, 피부 접촉 등 다양한 경로를 통해 우리 몸에 감염되기 때문에 병원체의 특성과 감염 경로를 이해하면 감염성 질병의 예방과 치료에 도움이 됩니다.

영국인 의사가 우물을 폐쇄한 이유는 바로 콜레라가 수인성 전염병이기 때문이었어요. 1849년 존 스노라는 의사가 런던의 같은 골목에 사는 주민도 먹는 물에 따라 생사가 엇갈리는 것을 확인하며 수인성 전염병에 대한 이해가 시작되었습니다. 그러니까 콜레라의 확산을 막으려면 오염원인 물을 조심하도록 해야 했던 것이지요.

콜레라는 **원생생물**이에요. 원생생물에 의한 감염성 질병으로는 말라리아가 유명하지요. 전 세계 사람들의 사망 원인 1위가 모기라는 말이 있습니다. 그 정도로 모기에 의해 옮겨지는 말라리아는 무서운 질병이에요. 감염 경로가 모기이므로 모기에 물리지 않도록 조심하거나, 모기가 생기지 않는 환경을 조성하는 게 중요해요. 원생생물은 핵을 가지고 있는 진핵생물이고, 병원성 원생생물은 대부분 단세포입니다.

핵이 없는 세포로 되어 있지만 엄청나게 다양한 질병의 원인이 되는 것이 바로 **세균**이에요. 질병을 일으키는 세균은 독소를 분비하여 세포나 조직을 손상하거나 직접 파괴하기도 합니다. 세균에 의해 발생하는 질병으로는 결핵, 세균성 식중독, 장티푸스, 디프테리아, 패혈증, 살모넬라증 등이 있어요.

세균은 단순한 구조를 가지고 있지만, 분열법으로 번식하기 때문에 짧은 시간에 많은 수로 증식할 수 있어요. 세균의 대부분은 사람에게 해롭지 않지만, 병원성 세균은 소화 기관, 호흡 기관 등을 통해 인체 내로 침입한 후 빠르게 증식해서 우리 몸이 방어 준비를 채 하기도 전에 그 수가 불어나요.

세균보다도 더 단순하고 스스로 물질대사도 할 수 없는데, 질병에 있어서는 골칫거리가 있습니다. 바로 **바이러스**예요. 주로 핵산과 그것을 둘러싼 단백질 껍질로 이루어져 있으며, 세포 내에서 증식해요. 바이러스에 따라 특정 세포에만 감염되는 특성이 있기도 하는데, 독감 바이러스인 인플루엔자는 B림프구, B형 간염 바이러스는 간세포, 인간면역결핍바이러스(HIV)는 보조 T림프구만을 공격합니다.

바이러스는 감염된 사람의 호흡 분비물이나 혈액, 접촉 등을 통하여 다른 사람에게 전염될 수 있어요. 병원성 바이러스는 대부분 사람에서 사람으로 전염되지만, 변이가 일어난 바이러스의 경우 동물에서 사람으로 전염되기도 합니다.

이외에도 무좀이나 만성 폐 질환의 병원체인 **곰팡이**도 있어요. 그리고 단백질 입자이지만 무서운 질병을 일으키는 **변형 프라이온**도 있습니다. 뇌와 척수가 스펀지처럼 뻥뻥 뚫려서 신경계의 퇴행이 심각하게 일어나는 광우병은 변형 프라이온에 의해 발병합니다.

원래 프라이온은 생물체 내에서 발견되는 정상적인 단백질이에요. 그러나 변형이 일어난 프라이온은 뇌나 신경 조직을 파괴합니다. 만약 정상 프라이온이 변형 프라이온과 접촉하게 되면 변형 프라이온으로 바뀔 수 있고, 사람에게까지 감염 가능성이 있어서 위험성이 큽니다. 그리고 변형 프라이온에 감염되어도 증상이 나타나기까지 잠복기가 길어서 변형 프라이온을 가졌는지 여부를 알기도 어려워요. 끓인다고 해서 약화되는 것도 아니고요. 그래서 광우병이 발견된 지역의 육류는 섭취하지 않는 게 최선의 예방책입니다.

적들로 가득 찬 세상, 일단 막고 봅시다

"3초가 맞아." "아냐, 5초가 맞아." 이게 무슨 말이죠? 두 친구가 서로 자신의 말이 맞다며 3초 룰과 5초 룰에 대해 주장을 펼치고 있네요. 맞아요. 떨어진 음식을 3초 내로 주워 먹으면 아무 문제 없다, 또는 5초 내로 주워 먹으면 아무런 문제가 없다고 말하는 그 문제입니다. 우스갯소리로 그치면 될 텐데 많은 친구들이 떨어진 음식이 아까워서 '5초 룰'을 외치며 얼른 주워서 당당히 먹는 경우가 많아요.

그런데 이 이야기에는 바닥에 병을 일으키는 병원체가 있다는 것을 전제로 하고 있습니다. 정말 그런가요? 맞아요. 바닥뿐만 아니라 우리가 손을 올리고 있는 책상에도, 문을 열고 나갈 때 잡는 손잡이에도 병원체가 있습니다. 곰팡이를 키우며 연구를 할 때 곰팡이 영양 배지 뚜껑을 열어놓고 15분 정도만 두어도 곰팡이 포자가 가라앉지요. 우리의 몸이 닿는 곳곳에 병원체들이 잔뜩 있습니다. 그런데 우리는 어떻게 질병에 걸리지 않고 있는 것일까요?

우리 몸은 병원체가 침입하면 피해를 입지 않도록 스스로 보호하는 방어 기능을 가지고 있습니다. 이를 **면역**이라고 해요. 면역은 **선천성 면역**과 **후천성 면역**으로 나눌 수 있는데, 선천성 면역은 병원체의 종류를 가리지 않고 신속하고 광범위하게 일어나서 비특이적 면역이라고 해요. 후천성 면역은 선천성 면역으로 막아 내지 못하고 체내로 침입한 병원체를 효과적으로 제거하기 위해 병원체의 특정 부위를 인식하여 선별적으로 면역이 일어나기 때문에 **특이적 면역**이라고 해요.

선천성 면역은 주로 몸 안으로 진입하는 것을 막아 냅니다. 병원체에 대응하여 일차적으로 방어하는 체계는 피부예요. 피부는 각질화된 표피 세포층으로 덮여서 병원체의 침입을 차단하며, 땀샘이나 피지샘 분비물도 병원체의 생장을 억제하지요.

음식물에 섞여서 입을 통해 소화관으로 들어온 병원체는 위액에 포함된 강한 염산에 의해 이동이 차단됩니다. 호흡기나 눈 등과 같은 기관으로 진입한 경우는 점액이 병원체의 이동을 막는데, 점액 속 라이소자임이라는 효소의 항생 작용으로 인해 체내로 진입이 차단당하는 거예요.

운 좋게 진입을 했더라도 백혈구가 **식세포 작용**을 통해 병원체를 제거합니다. 식세포 작용이란 백혈구의 일종인 대식 세포 등이 자신의 세포 안으로 병원체를 끌어들여 분해하는 작용을 말합니다.

병원체가 우리 몸의 피부나 점막을 뚫고 들어와 조직을 손상시키면, 그 부위에 열이 나고 붉게 부어오르며 통증이 있는 염증 반응이 나타납니다. 상처 부위에 있는 비만 세포가 히스타민을 분비하고, 히스타민에 의해 모세혈관이 확장되어 백혈구가 혈관을 빠져나오게 돼요. 그럼 상처 부위의 병원체를 식세포 작용으로 제거하는 거죠. 이렇게 여러 세포의 협업을 통해 우리는 실시간으로 병원체를 막고 있습니다.

병원체는 우리가 생활하는 곳 어디에나 존재해요. 또, 언제라도 우리 몸에 침입할 수 있죠. 하지만 이물질의 침입에 대항하는 방어 체계가 꽤 탄탄하게 갖춰져 있어서 우리가 건강할 수 있는 거랍니다.

몸속에서 은밀하게 키워온 특수 부대

1521년, 에르난도 코르테스가 이끄는 군대가 아스텍 제국을 멸망시켰습니다. 인구 수천만을 가진 아메리카의 대제국이 고작 500명 정도의 스페인군에 쉽게 정복된 거예요. 당시 스페인군의 화포는 습한 열대 지역에서 녹아내려 사용하기 힘들었다고 하니, 오히려 원주민들이 가지고 있던 흑요석 날을 박은 나무칼이나 곤봉, 끝에 구리 날을 박은 도끼가 훨씬 무서운 무기였을 듯합니다.

그런데 스페인 군대의 가장 강력한 무기는 군대를 이끄는 코르테스조차도 가져갔는지 알아채지 못했던 것들이었습니다. 바로 천연두, 홍역, 티푸스 등 유럽의 병원균이었죠. 이에 대해 아무 면역력도 갖고 있지 않은 원주민들은 바로 병균에 의해 정복되었습니다. 전염병이 퍼지는 속도는 군대가 진군하는 속도보다 빨라서 스페인 군대는 병을 뒤따라 진격할 정도였다고 합니다.

아스텍인들을 멸망으로 이끈 병원균들이 왜 스페인 군인에게는 피해를 입히지 않았을까요? 이 질병을 처음 접했던 아즈텍인들은 이 질병에 대한 면역이 없었지만, 어려서부터 이 질병에 노출되면서 살아남았던 스페인 군인들은 이 질병에 대한 면역이 있었기 때문이에요.

강력한 병원체들은 우리 몸 깊숙하게 침범해 들어옵니다. 끝이 열린 림프관을 따라 올라오며 심장으로 향하죠. 조직에서 혈관 내부로 들어가 혈관을 타고 다니기도 합니다. 특정 기관에 자리 잡고 번식을 하면서 세포를 파괴하기도 하네요. 이제는 잘 훈련된 면역 세포들이 출동할 차례예요.

그런데 우리 체내에는 너무도 다양한 세포들이 있습니다. 혈관에는 엄청난 양의 적혈구, 백혈구, 혈소판이 있고, 각 기관에도 특이한 구조를 한 세포들이 있습니다. 잘못하면 병원체가 아니라 내 몸의 세포들이 공격을 받을 수 있어요. 그래서 면역 세포들은 만들어지자마자 계속 훈련을 받으며 성숙해 나갑니다. 이러한 면역에 중요한 역할을 하는 백혈구는 **B림프구**와 **T림프구**입니다.

B림프구는 골수에서 만들어져서 만들어진 장소인 골수에서 훈련을 받습니다. T림프구는 골수에서 만들어져서 가슴샘(흉선)으로 옮겨져서 훈련을 받습니다. 자기와 비자기를 구별하는 훈련과 항원 수용체를 결정하는 유전자 배열이 다양해지는 과정을 거치는 것이지요. 이 과정에 한 사람의 B세포의 경우 백만 종류 이상이 만들어져

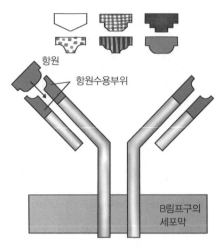

다양한 항원들

항원

항원수용부위

B림프구의
세포막

B림프구 세포막에 있는 한 종류의 항원 수용체

세상의 모든 항원을 인식할 수 있습니다. 훈련에 실패한 백혈구는 제거됩니다.

만약 면역 세포가 자기를 비(非)자기로 오인할 경우, 자신의 신체 조직을 공격하여 류마티스관절염, 하시모토갑상선염, 또는 전신 홍반 루푸스(루푸스)와 같은 자가면역 질환을 일으키기도 합니다.

훈련을 받은 림프구들은 주로 림프절에 모여 있어요. 외부에서 들어온 항원이 림프절로 흘러들어 오면, 대식 세포가 식세포 작용을 통해 여러 조각으로 분해해서 세포 표면에 제시합니다. 주변에 있던 보조 T세포 중 항원을 인식한 세포가 자기 자신을 활성화하며 증식하면, 동시에 동일한 항원을 인식한 세포독성 T림프구와 B림프구를 활성화해요. 활성화된 세포독성 T림프구는 직접 항원에 감염된 세포를 인식하여 파괴하고, 활성화된 B림프구는 **형질 세포**나 **기억 세포**로 분화합니다.

형질 세포는 항체를 혈액이나 림프 속으로 분비하여 항원-항체 반응을 일으켜요. 이렇게 해서 항원을 응집시키고 백혈구의 식세포 작용으로 제거하거나, 항원을 무력화시켜요. 형질 세포는 수명이 약 1~2주로 짧지만, 기억 세포는 오랫동안 체액에 남아 있다가 같은 항원이 재침입하면 빠르게 형질 세포로 분화하여 항체를 생성합니다.

병원체에 의해 감염된 세포나 암세포 등의 이상 세포를 T림프구가 직접 인식하여 파괴하는 면역을 **세포성 면역**, B림프구가 분화된 형질 세포에 의해 생성된 항체로 항원을 제거하는 면역을 **체액성 면역**이라고 해요. 둘의 공통점은 세포막 표면에 항원 수용체가 있어서 대식 세포에 의해 제시된 항원을 인식한다는 거예요. 또한 항원을 인식한 보조 T세포에 의해 활성화가 된다는 점이죠.

보조 T세포가 없다면 매우 느리게 활성화가 일어나, 그동안 병원체는 엄청난 속도로 번식할 수도 있어요. AIDS를 일으키는 HIV바이러스가 무서운 이유는 이 바이러스가 보조 T세포를 파괴하기 때문에 면역의 기초 과정부터 무너진다는 데 있습니다. 특정 항원을 인식해서 일어나는 면역을 **특이적 면역**이라고 해요.

항원이 체내에 처음 침입하면 항원의 종류를 인식하는 과정과 B림프구의 분화 과정을 거칩니다. 이 과정들을 통해 형질 세포가 항체를 생성하는 1차 면역 반응은 항체가 만들어지기까지 시간이 오래 걸려요. 그동안 우리 몸에 침입했던 병원체의 숫자는 늘어나고 있겠죠. 그래서 그 병원체에 의한 질병을 앓게 되는 거예요. 항체가 생긴 이후에야 겨우 질병을 이겨낼 수 있었네요.

간혹 독한 병원체에 감염되었을 때는 결국 이겨내지 못하고 사망에 이르기도 한답니다. 1차 면역 반응이 일어날 때 형질 세포와 함께 기억 세포가 생성되는데, 체내에 남아 있다가 같은 항원이 다시 침입하면 빠르게 증식하고 형질 세포로 분화하여 많은 양의 항체를 빠르게 생성합니다. 이처럼 항원이 재침입했을 때 기억 세포의 작용으로 다량의 항체가 빠르게 생성되는 것을 **2차 면역 반응**이라고 합니다.

약한 항원에 의해 1차 면역 반응이 일어났다면 질병을 앓지 않고도 가볍게 기억 세포를 형성할 수 있겠죠? 그러다가 병원성인 항원이 체내로 침입한다면 기억 세포에 의해 2차 면역 반응이 빠르게 일어나 병원체를 제거할 수 있습니다. 이를 활용한 게 바로 백신이에요.

버릴 게 하나 없는 소,
고름마저 쓸모가 있다니!

염증이 심해서 고름이 나온 적이 있나요? 고름에는 병원체를 죽이고 생명을 다한 백혈구의 일종인 대식 세포들이 많이 모여 있어요.

소의 고름은 라틴어로 vacca라고 해요. 이 이름에서 백신(vaccin)이 유래되었지요. 소의 고름 이야기는 백신 접종을 최초로 시도한 영국 의사 제너로부터 시작됩니다.

제너는 우연히 천연두 환자와 접촉해도 병에 걸리지 않는 사람들을 발견합니다. 그리고 곧 그들의 공통점을 발견했지요. 바로 손에 흉터가 있다는 것이었어요. 그 흉터는 소의 천연두인 우두에 걸린 소의 젖을 짜다가 생긴 물집 때문이었죠. 우두를 앓는 소의 고름을 접종받으면 천연두에 안 걸릴 거라고 생각한 제너는 자신의 이론을 시

아이에게 세계 최초의 백신을 접종 중인 제너

험해 봅니다.

제너는 소젖을 짜다가 생긴 물집 진물을 채취하여 천연두에 노출된 적 없는 집사의 아들에게 접종했어요. 가볍게 앓고 회복된 다음에는 사람 천연두를 같은 방법으로 접종했죠. 결과는 예상대로 천연두에 걸리지 않은 것으로 나왔어요. 이후 이 방법이 전 세계적으로 이용되었어요. 지금은 공식적으로 천연두가 사라졌다고 합니다.

백신을 투여하는 건 이처럼 2차 면역 반응의 원리를 응용한 거예요. 백신으로는 세균의 독소, 사멸 세균, 미생물 성분, 살아있지만 병을 일으키지 않도록 약화한 미생물, 심지어 미생물 단백질을 암호화하는 유전자 등을 이용합니다.

너무 깨끗해도 병, 알레르기의 등장

특정 병원체에 반응하는 특이적 방어에 대해 알아보다 보니 특정 물질에 반응하는 **알레르기**가 궁금해집니다. 증세는 비특이적 방어의 염증 반응과 비슷한데, 특정 물질에만 반응하는 게 특이적 방어와 양상이 비슷하지요. 알레르기가 바로 비특이적 반응인 염증 반응과 특이적 반응에서 역할을 하는 항체가 결합한 형태로 나타나기 때문이에요.

알레르기와 관련하여 재미있는 사실이 하나 있어요. 위생 상태가 좋은 선진국일수록 알레르기로 고통받는 사람들이 많다는 거예요. 기생충이 있는 사람은 알레르기를 앓지 않는다고 하는데, 어떻게 된 일일까요? 위생 상태가 좋아지면서 주로 기생충과 같은 외부 침입자를 담당하던 항체가 항원을 만날 일이 거의 없어지게 되었어요. 이 항체가 염증 반응을 촉진하는 비만 세포에 결합하면 알레르기를 유발하게 된다고 해요.

이를 '위생가설'이라고 하는데, 실제 기생충학자들이 위생가설에서 힌트를 얻어 기생충과 알레르기 질환 사이의 연관 관계를 연구해 봤다고 해요. 기생충이 거의 박멸되다시피 한 나라에서는 알레르기 질환이 많이 발생하는 반면, 에콰도르나 베네수엘라 등 기생충이 많은 나라에서는 알레르기 질환이 거의 없다는 사실을 발견해 냅니다.

꽃가루나 땅콩과 같은 물질에 노출되었을 때 항체는 이를 항원으로 인식하고, 결합하여 있던 비만 세포는 히스타민을 뿌려서 염증 반응을 일으키게 합니다. 최근에는 알레르기 치료를 위해 몸에 기생충의 추출물인 분비 배설 항원을 넣어서 항체가 할 일을 만들어 주기도 해요.

있나 없나 알고 싶으면 항체를 써 보세요

항체와 결합할 수 있는 항원은 한가지로, 항원과 항체의 결합은 특이성을 가집니다. 항원-항체반응은 실생활에도 많이 이용돼요. 임신 진단 도구의 경우 내부에 임산부에게서 분비되는 호르몬 HCG와 결합하는 항체가 부착되어 있어서, 임신하였으면 항원-항체반응으로 그 부분이 발색되도록 설계되어 있어요. 또 다른 항원-항체반응 이용 사례로 혈액형의 응집반응이 있습니다.

혈액학의 아버지로 불리는 란트슈타이너는 젊은 시절 연구원 자리를 찾지 못해서 시체를 해부하여 생계를 꾸리기도 했어요. 10년간 3,639구의 시체 검시를 하기도 하고, 많은 실험을 하기도 하면서 인간의 적혈구가 다른 사람의 혈청에서 응집되는 걸 목격하기도 합니다. 이렇게 응집되는 종류를 나누어 A, B, C로 분류하였어요. C는 이후 O형으로 바뀌었고, 1년 후 다른 과학자들이 또 다른 혈액형을 제시함으로써 오늘날 사용되고 있는 ABO식 혈액형 네 가지가 모두 완성되었습니다.

ABO식 혈액형은 적혈구 세포막에 있는 응집원의 종류에 따라 A형, B형, AB형, O형으로 구분하는데, 응집원은 다른 사람의 혈액과 섞였을 때 항원으로 작용해요. 응집반응에는 적혈구 세포막의 항원인 응집원과 혈청 속에 있는 항체인 응집소가 관여합니다. 서로 다른 혈액형의 혈액을 섞었을 때 응집반응이 나타나는데, 실제로 다른 사람에게 수혈할 때도 이러한 응집반응이 나타나므로 대부분 같은 혈액형끼리 수혈하는 게 안전해요.

- **감염성 질환과 비감염성 질환**

  생활 습관이나 유전 때문에 발병하는 질환은 비감염성 질환이고, 병원체에 의해 발병하는 질환은 감염성 질환입니다.

- **병원체**

  병원체의 종류는 다양한데, 가장 대표적인 것이 바이러스와 세균이에요. 바이러스는 세포는 아니지만 핵산을 가지고 있어서 변이가 일어날 수 있어요. 세포 구조를 가지는 병원체로는 세균, 곰팡이, 말라리아 병원충 같은 원생생물이 있어요.

- **비특이적 방어**

  비특이적 방어란, 병원체를 구별하여 방어하는 것이 아닌 무작위적 방어입니다. 물리적 방어와 화학적 방어가 있는데, 병원체가 진입하지 못하게 하거나 이동을 어렵게 하는 피부, 점액질, 털 등이 물리적 방어에 해당하지요. 화학적 방어는 효소에 의해 병원체를 죽이는 것입니다. 그 외에도 백혈구에 의한 식균 작용과 염증 반응이 있어요. 염증 반응은 효과적으로 병원체를 물리치기 위해 혈관과 백혈구가 함께 작용합니다.

- **특이적 방어**

  특이적 방어는 T림프구와 B 림프구에 의해 일어나는 방어 작용으로, 식균 작용을 한 백혈구가 제시한 항원을 보조 T림프구가 인식하여 세포독성 T림프구와 B림프구를 활성화합니다. 세포독성 T림프구는 병원체에 감염된 세포를 공격하고, B림프구는 기억 세포와 항체를 분비하는 형질 세포로 분화합니다. 형질 세포에 의해 분비된 항체는 병원체를 죽이거나 응집시켜서 제거합니다. 병원체에 감염된 우리 세포를 공격하는 방법은 세포성 면역, 항체를 이용하는 방법은 체액성 면역이라고 합니다. 체액성 면역 과정에 만들어진 기억 세포는 이후 같은 병원체가 침입하면 아주 빠르게 분화하여 많은 양의 형질 세포를 만듭니다. 이것은 항체를 대량 생산하게 하는 2차 면역 반응에 활용됩니다.

- **혈액형**

  혈액형을 판정하는 기본 원리는 항원-항체반응이에요. 적혈구에 있는 항원과 혈청에서 분리한 항체를 반응시켜, 항체에 의해 응집이 일어나면 항원이 있다는 걸 확인하는 것이지요.

항 A혈청에 응집되는 것은 응집원 A, 항 B혈청에 응집되는
것은 응집원 B입니다.

- **백신**

  독성을 약화한 병원체 또는 항원 일부를 미리 체내에 주입하
  여 1차 면역 반응을 일으켜서 기억 세포를 확보한 후, 실제
  강한 병원체가 침입하였을 때 즉각적으로 2차 면역 반응이
  일어나도록 하는 예방 접종액을 백신이라고 합니다.

01 그림은 중추 신경계로부터 자율신경을 통해 심장, 이자, 방광에 연결된 경로를 나타낸 것입니다. ⊙~ⓒ에 대한 설명으로 옳은 것은 무엇인가요?

〈보기〉

ㄱ. ⊙은 신경절 이전 뉴런이 신경절 이후 뉴런보다 길다.

ㄴ. ⓒ의 신경절 이후 뉴런의 축삭 돌기 말단에서 분비되는 신경 전달 물질은 아세틸콜린이다.

ㄷ. ⓒ과 ⓒ의 신경절 이전 뉴런의 신경 세포체는 모두 척수에 존재한다.

02 다음은 결핵의 병원체를 알아보기 위한 실험입니다. 이 실험의 과정 및 결과에 대한 설명으로 옳은 것은 무엇일까요?

〔실험 과정 및 결과〕

(가) 결핵에 걸린 소에서 ⊙과 ⓒ을 발견하였다. ⊙과 ⓒ은 세균과

바이러스를 순서 없이 나타낸 것이다.

(나) (가)에서 발견한 ㉠과 ㉡을 각각 순수 분리하였다.

(다) 결핵의 병원체에 노출된 적이 없는 소 여러 마리를 두 집단으로 나누어 한 집단에는 ㉠을, 다른 한 집단에는 ㉡을 주사하였더니, ㉠을 주사한 집단의 소만 결핵에 걸렸다.

(라) (다)의 결핵에 걸린 소로부터 분리한 병원체는 ㉠과 같은 것으로 확인되었고, 세포 분열을 통해 증식하였다.

─〈보기〉─

ㄱ. ㉠과 ㉡은 모두 핵산을 갖는다.

ㄴ. ㉡은 세포구조로 되어 있다.

ㄷ. 결핵 치료 시에는 항생제가 사용된다.

• 정답 및 해설 •

1. ㄱ. ㉠과 ㉢은 부교감 신경이므로 신경절이 반응기 근처에 있어서 **신경절 이전 뉴런의 길이가 길고, 신경절 이후 뉴런의 길이가 짧습니다**.

ㄴ. ㉢은 교감 신경이므로 신경절에서 신경절 이전 뉴런으로부터 아세틸콜린이 분비되더라도 신경절 이후 뉴런에서는 **노르에피네프린이**

분비되지요.

ㄷ. ⓛ(교감 신경)의 신경절 이전 뉴런의 신경 세포체는 모두 척수에 위
   치하고, ⓒ(부교감 신경)의 신경절 이전 뉴런의 신경 세포체는 중뇌,
   연수에 있는 것과 척수 중 아래쪽에 있습니다.

∴ 정답은 ㄱ입니다.

2. 결핵에 걸린 소에게서 추출한 ⊙과 ⓛ을 손수 분리한 후 새로운 소에게
   주사하였을 때, ⊙을 접종받은 소들만 결핵에 걸렸다는 사실로 미루어
   결핵의 원인 병원체는 ⊙이라는 것을 알 수 있어요. 그런데 ⊙이 세포
   분열을 통해 증식한다고 했기 때문에 ⊙은 세균, ⓛ은 바이러스입니다.

   ㄱ. 세균과 바이러스는 **모두 핵산을 가집니다**.

   ㄴ. 세포구조를 가지고 세포 분열을 하는 것은 세균입니다.

   ㄷ. 세균을 없애기 위해서는 항생제를 사용하고, 바이러스를 없애기 위
      해서는 항바이러스제를 사용하죠.

∴ 정답은 ㄱ, ㄷ입니다.

세포와 세포분열

연예인과 아이가 함께 출연하는 프로그램이 TV에서 방영되고 있습니다. 다른 것 같으면서도 부모의 행동이나 외모와 닮은 부분을 찾아내면 신기하기도 하지요. 이렇게 자손에게 부모의 모습이 전해지는 원리에 대해, 의학의 아버지 히포크라테스는 판겐이라는 입자가 몸의 각 부위로부터 정자나 난자로 이동해서 다음 세대로 전달된다고 생각했어요. 그리스의 철학자 아리스토텔레스는 부모로부터 자손에게 무언가가 전달된다면 입자가 아니라 특성을 드러낼 잠재력이 유전된다고 생각했죠. 19세기 초 생물학자들은 식물을 자세히 관찰한 후 양쪽 특성이 전달되는 것이 유전 물질이 서로 섞여서 분리되지 않고 자손이 된다고 생각했습니다.

무언가 자손에게 전달되기는 하지만 무엇이 전달되며 어떤 방식을 취하는지 명확하게 알아내지 못하고 있었던 것입니다.

그럼 지금부터 그 후 세대들이 알아낸 유전 방식의 비밀을 공유해 볼까요?

내 유전자의 집은 어디인가?

운동을 잘하는 누나와 달리 동주는 체육 시간이 다가오는 게 괴롭기만 합니다. 친척들 말에 따르면 누나는 태권도 선수 출신인 아버지에게서 유전자를 받아서 운동을 잘하는 거라는데, 동주는 그 유전자를 받지 못한 걸까요? 동주는 운동 잘하는 유전자를 이식받고 싶다는 생각까지 들었습니다. 그런데 운동을 잘하는 유전자는 다리에 있는 걸까요? 그렇다면 공부를 잘하는 유전자는 머리에 있을까요? 도대체 유전자는 어디에 있는 거죠?

세포를 염색하면 붉은색으로 또는 파란색으로 염색되어 선명하게 보이는 부위가 있습니다. 바로 핵이에요. 핵이 염색되는 이유는 핵 전체가 아니라 핵질 내에 있는 **염색사**가 염색되기 때문이에요. 세포가 분열하고 있는 동안에는 염색사가 막대 모양의 **염색체**로 변하기 때문에 그 형태를 선명하게 확인할 수도 있어요.

독일의 생물학자 발터 플레밍은 세포의 핵물질이 실처럼 긴 구조를 가진다는 것을 발견했으며, 이 구조가 호염기성의 염료에 의해 염색된다는 사실에서 '염색체'라고 부르기 시작했어요. 이후 여러 가지 실험을 통해 핵 속의 염색체에 의해 생물의 생명 활동이 조절되고, 형질 또한 결정된다는 것을 알아냈어요. 뒤이은 연구에서 다른 연구자들이 염색체의 구성 중에서 DNA가 유전 물질임을 밝혀냈죠.

유전자는 특정 DNA 서열로써 생물의 형질을 결정하는 유전 정보가 있는 부분을 일컫습니다. 하나의 염색체에는 수많은 유전자가 존재하는데, 염색체를 구성하는 DNA 서열이 모두 유전자의 기능을 가지는 건 아니에요. 훨씬 더 많은 양의 DNA가 유전자가 아닌 다른 기능을 하거나 기능이 없답니다.

한 종의 생물이 가지는 유전자 전체를 **유전체(게놈)**라고 해요. 통상 단세포 진핵생물보다 다세포 생물의 유전체는 매우 크며, 1만 개 혹은 2만 개 이상의 유전자를 가지고 있습니다. 그리고 유전체는 네 개의 염기인 'A, C, G, T'로 내용이 기록되어 있어요. 사람의 유전자 수가 10만~20만 개 이상일 것으로 추측했다가 게놈 프로젝트를 통해 고작 2만 개가 조금 넘는다는 사실이 밝혀졌답니다. 그리고 놀랍게도 침팬지와 사람의 유전자는 98% 이상이 같다는 것도 알아냈어요.

유전자는 염색체에 있으며, 특정 형질을 결정하는 DNA 서열을 일컫는다는 걸 잘 기억하세요. 그래서 하나의 염색체에는 여러 유전자

가 있을 수 있고, 그 유전자들은 염색체의 이동에 따라 함께 이동합니다. 혈당과 관련이 있는 호르몬인 인슐린과, 위에서 분비되는 소화효소 펩시노젠 유전자는 모두 11번 염색체에 있답니다. 두 유전자는 함께 이동하겠죠? 이처럼 하나의 염색체에 함께 존재하는 유전자들의 관계를 연관되어 있다고 한답니다.

척 보면 안다고? 염색체?

수민이의 어머니가 걱정스러운 표정으로 이모와 통화를 하고 계셨습니다. 옆에서 들어보니 양수검사를 하고 왔다는 거예요. 통화를 끝낸 어머니께 이모가 왜 양수검사를 하는지 여쭤봤더니 조심스럽게 기형아 검사를 하느라 그랬다고 말씀해 주셨어요. 양수에 있는 세포의 염색체를 보고 판단한다고 하는데, 염색체가 무엇이고 어떻게 생겼기에 양수를 가지고 기형아 여부를 알 수 있는 걸까요?

염색체는 모든 세포에 있고 그 기본 구조는 같습니다. 분열하지 않을 때 염색체는 염색사의 형태로 존재하는데, 염색사는 **히스톤 단백질**에 DNA가 감겨있는 구조를 하고 있어요. 이렇게 히스톤 단백질과 DNA가 결합한 단위를 뉴클레오솜이라고 합니다. 히스톤 단백질과 DNA는 서로 결합했다가 풀어질 수도 있어요. DNA에 있는 유전자가 발현되어야 할 때는 그 결합이 풀어지면서 유전자 정보가 노출되

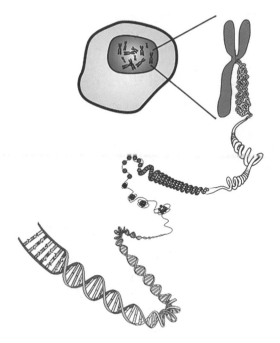

세포의 핵 속 염색체를 구성하며, 유전자가 위치한 DNA

어야 발현이 시작된답니다.

하나의 세포 안에 염색체는 몇 개씩 들어 있을까요? 동물의 체세포는 수정으로 유전 정보의 조합이 이루어지는데, 정자와 난자에 있던 염색체가 수정을 거치면서 염색체 한 벌을 완성하게 됩니다. 사람의 경우 정자로부터 23개, 난자로부터 23개의 염색체가 만나 46개의 염색체가 완성되지요. 각 한 벌씩은 서로 크기와 모양과 보유하고 있는 유전자의 종류가 같아서 **상동 염색체**라고 불러요. 사람은 상동 염색체 23쌍을 가지고 있는 거예요. 그중 한 쌍은 성(性)을 결정해요.

어머니로부터는 X를 받고 아버지로부터는 X 또는 Y염색체를 받게 되어, XX 또는 XY 조합을 이루게 됩니다. XX 조합이 된 경우는 여성, XY 조합이 된 경우는 남성이 된답니다. 즉 우리는 모두 부모님으로부터 자신의 염색체 절반씩 받아서 세포마다 22쌍의 상염색체와 1쌍의 성염색체를 가지고 있는 거예요.

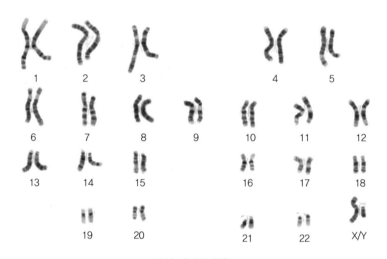

정상 남자의 핵형

상동 염색체에 대해 조금만 더 알아볼게요. 크기, 모양, 위치가 동일하고 같은 형질을 결정하는 유전자가 위치하는 염색체들을, 서로 같다는 뜻의 상동 염색체라고 부르는 거예요. 상동 염색체는 주로 두 개씩인 경우가 많은데, 기호로 '2n'이라고 표시합니다. 이러한 기호를 통해서 염색체 구성을 파악할 수 있어요. 염색체의 구성 정보를

핵상이라고 하고, 기호로 'n' '2n' '3n' '2n+1' 등과 같이 나타냅니다. 염색체 수까지 표현할 때는 'n=23' '2n=46' '2n+1=47'과 같이 나타 내기도 해요. 다음 그림을 보고 핵상을 한번 나타내 볼까요?

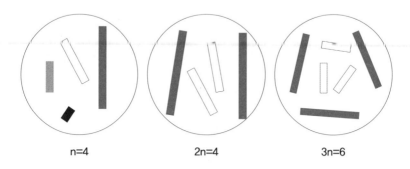

첫 번째 그림에서는 서로 상동인 염색체가 없어서 'n=4'로 나타내 요. 두 번째 그림은 서로 상동인 염색체가 두 개씩 짝을 이루고 있으 므로 '2n=4'로 나타냅니다. 세 번째 그림은 서로 상동인 염색체 짝이 세 개니까 '3n=6'으로 나타낸답니다. 3n으로 나타나는 핵상은 콩과 같은 속씨식물 씨앗의 배젖에서 관찰할 수 있어요.

서로 상동인 염색체는 부모로부터 각각 물려받은 거라고 앞에서 말했죠? 그리고 같은 위치에 같은 형질을 결정하는 유전자를 가지게 되는데, 상동 염색체의 같은 위치에 올 수 있는 유전자를 **대립 유전 자**라고 해요.

세포는 세포 분열을 통해 그 수를 늘려 가는데, 세포 분열을 할 때 염색사가 응축되어 우리가 현미경을 통해 맨눈으로 관찰할 수 있는 염색체가 만들어진답니다. 분열이 시작되기 전에 DNA 복제가 일어나는데, 복제된 DNA는 동원체 부분이 임시로 결합하여 있어요. 그래서 염색체로 응축되면 X자 형태를 관찰할 수 있답니다.

동원체는 세포가 분열할 때 방추사가 붙어 염색체를 잡아당기는 부분이에요. 분열 시기의 X자 형태의 염색체 구조에서 양쪽 DNA는 완전히 내용이 같아요. 그래서 양쪽 염색분체를 **자매염색분체**라고 합니다.

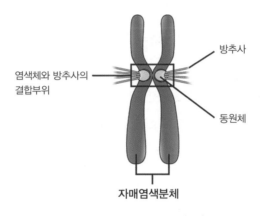

세포 내의 염색체 수나 구조를 **핵형**이라고 하는데, 이를 통해 유전적 질병 여부를 파악할 수 있어요. 핵형을 분석할 때는 염색체를 이용하기 때문에 염색체를 볼 수 있는 분열 중인 세포를 사용합니다. 염색체 이상 여부를 검사하기 위해서는 분열 촉진제를 이용하여 분열을 유도한 세포를 관찰하죠.

핵형은 염색체 수가 같더라도 생물의 종에 따라 다르며, 같은 종의 생물은 같은 핵형을 가져요. 사람의 경우 정상 염색체 수가 46개인데, 이상이 있는 경우 간혹 45개나 47개의 염색체를 가지기도 해요. 염색체가 짧거나 길기도 합니다.

세포마다 다른 세포의 일생

생물 동아리의 대표를 맡게 된 소은이는 첫 실험으로 양파 뿌리 세포 관찰을 준비했습니다. 분열이 가장 왕성하다는 동트기 전 시간으로 알람을 맞추고, 졸린 눈을 비비며 뿌리 끝 생장점 부근을 잘라서 관찰한 거라 기대가 컸지요. 조심조심 실험 순서에 맞추어 염색까지 마치고 현미경으로 관찰을 시작했는데…. 염색체가 뚜렷하게 보이는 세포를 찾기가 힘든 거예요. 다행히 몇 개의 세포에서 염색체가 보였지만 대부분 세포에서는 염색체를 볼 수 없었어요. 왜 세포 분열이 왕성하다는 생장점에서 분열 중인 세포가 이토록 적은 것일까요?

세포의 일생은 언제부터 시작이라고 봐야 할까요? 세포는 기존의 세포로부터 만들어집니다. 그래서 분열로 만들어진 때부터 세포의 일생이 시작된다고 보면 됩니다. 일단 분열이 끝난 세포는 원래 세포의 절반 정도로 크기가 작습니다. 따라서 생장을 해야 하죠. 그러다가 다시 분열을 시작하기도 하는데, 이처럼 생장하고 분열하여 새로운 세포가 생겨나기까지의 과정을 세포주기라고 해요. 세포의 일생은 분열이 완료되면서 끝난다고 생각하면 되겠죠.

세포주기는 분열을 기준으로 시작되기 때문에, 크게 **분열기와 간기**로 나눕니다. 분열이 활발한 조직에서도 많은 세포가 간기에 머무르는데, 이는 분열 중에 응축된 염색체는 세포의 생명 활동을 위한 기능을 할 수 없기 때문이에요. 분열하는 데 오랜 시간이 걸린다면 세포의 생명 활동이 위험하게 되니까요.

간기를 특징에 따라 G_1기, S기, G_2기로 나눕니다. 분열이 끝난 새로운 세포는 크기가 작아서 빠르게 생장하기 시작하는데, 이 시기를 **분열 후 생장기 G_1기**라고 해요. 더는 분열이 일어나지 않는 세포는 이 시기에 머물러 있게 되는데, 근육 세포나 신경 세포 같은 세포가 여기에 해당합니다.

분열을 다시 하게 되는 세포는 특정 시기가 되면 분열을 하게 되는데, 분열하기 전에 DNA를 그대로 복제하여 새로운 두 세포의 유전 정보가 같아지도록 합니다. 이 시기를 **DNA 복제기 S기**라고 해요. 이 시기를 거치면서 DNA 양은 두 배가 됩니다.

DNA 복제를 통해 유전 정보에 대한 준비가 끝나면 본격적으로 염색체의 이동 등 분열에 필요한 물질들을 준비하면서 동시에 마지막 생장을 하는데, 이 시기를 **분열 전 생장기 G_2기**라고 합니다. 충분한 준비가 끝나면 세포는 **분열기인 M기**로 접어들게 돼요.

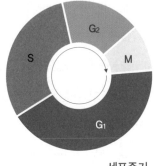

G₁ 분열 후 생장
S DNA 복제기
G₂ 분열 전 생장기
M 분열기

세포주기

세포주기를 한 번 거치는 데 걸리는 시간은 세포의 종류와 환경에 따라 다양합니다. 분열이 활발한 조혈 세포나 소장 상피 세포는 G_1기가 몇 시간밖에 안 되기도 하고, 수정 후 분열이 매우 활발하게 일어나는 난할 중 세포는 G_1기가 너무 짧아서 거의 생장이 이루어지지 않기도 해요. 세포주기는 적절하게 조절되어야 하는데, 세포주기 조절에 이상이 생긴 대표적인 예가 바로 암세포에요. 정상 체세포와 암세포를 각각 배양 용기에 두면 체세포는 분열 촉진제를 투여하지 않으면 거의 배양이 되지 않지만, 암세포는 영양이 풍부하면 분열을 해서 배양이 가능해요. 배양 중에도 정상 체세포는 한 층을 이루어 서로 접촉이 일어나면 분열을 멈추지만, 암세포는 계속 분열하여 여러 층을 이룹니다. 그래서 체내에서 암세포는 계속 분열하여 종양을 만들게 되는 것이지요.

똑같이 나누자, 체세포분열

범죄 수사를 다룬 영화에서 혐의를 부인하는 용의자에게 범행 장소에서 채취한 세포의 DNA 검사 결과를 들이대며 추궁하는 장면을 본 적이 있을 거예요. 모든 세포에는 그 사람의 유전자가 같이 있어서, 머리카락만 있어도 그 끝에 달린 세포로 범인을 찾을 수 있습니다. 하나의 수정란에서 시작된 우리 몸은 10조 개가 넘는 세포로 이루어져 있다는데, 그 많은 세포가 어떻게 같은 유전자를 가질 수 있게 된 것일까요?

새로운 세포는 기존 세포로부터 만들어지며 기존 세포와 같은 염색체 구성을 가집니다. 즉, 유전 정보가 같다는 말이죠. 세포가 분열하는 과정에서 어떠한 변화를 겪기에 모든 세포의 유전 정보가 같을 수 있는지, 체세포분열 과정을 통해 알아보도록 해요.

세포의 주기를 크게 간기와 분열기로 나눠서 생각해 보면, 대부분

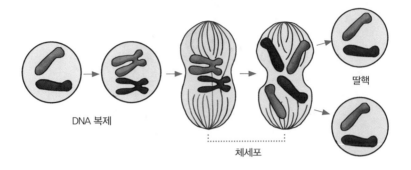

DNA 복제

체세포

딸핵

체세포분열 과정 모식도

분열 전과 분열 후의 딸핵 유전 정보가 같다

세포는 간기에 머물러 있으며 일생 동안 간기에 머물러 있는 경우도 많아요. 분열할 때는 새롭게 만들어지는 세포도 같은 유전 정보를 가질 수 있도록 DNA를 복제하죠. 바로 S기 때 이 DNA 복제가 일어납니다.

세포 분열은 **핵분열**이 먼저 일어나서 두 개의 딸핵이 생기고, **세포질분열**이 일어나요. 핵분열 과정은 **전기, 중기, 후기, 말기**로 나눠집니다. 전기 때 염색사가 염색체로 응축되기 시작하고, 중기 때는 염색체가 세포의 중앙에 배열되지요. 방추사가 염색체의 동원체에 부착되고 나면 염색체는 세포의 양극으로 끌려가게 되는데, 이렇게 양극으로 끌려가는 시기를 후기라고 해요. 말기에는 염색체가 다시 염색사로 변하게 되면서 새로운 핵이 완성됩니다.

염색체가 자유롭게 이동하는 데 핵막은 걸림돌이 되므로, 전기 때 응축된 염색체가 나타나는 동시에 핵막과 인이 사라집니다. 그러나 말기에는 다시 핵막과 인이 만들어지면서 핵의 모습이 완성되지요. 이렇게 만들어진 두 개의 딸핵은 유전 정보가 같은 자매염색분체가 서로 나뉘므로 양쪽의 내용이 완전히 같답니다. 새롭게 만들어진 세포와 분열 전 세포의 정보도 같고요.

우리 몸을 구성하는 모든 세포는 한 개의 수정란이 체세포분열하여 만들어져요. 이렇게 체세포분열을 거쳐도 세포 내의 유전 정보는 변하지 않으므로 우리 몸을 구성하는 수조 개의 체세포는 모두 같은 염색체 개수와 같은 유전 정보를 가지고 있는 거예요.

생식세포분열은 다양성의 원천

보람이는 쌍둥이 동생들이 너무 신기합니다. 부모님께서는 보람이처럼 착하고 예쁜 딸을 또 얻고 싶어서 동생을 가졌다고 하는데, 뜻밖에도 일란성 쌍둥이를 낳게 된 거예요. 부모님의 바람처럼 동생들과 보람이는 똑같지 않았지만 귀여운 동생을 얻게 되어 기뻤어요.

보람이는 부모님께서 다시 보람이와 똑같은 동생을 낳아도 좋겠다고 생각했어요. 하지만 그게 불가능하다는 걸 이미 알고 있었죠. 과학 잡지에서 '똑같은 자식을 가지려면 약 1조 명의 자식을 낳아야만 가능성이 있다.'라는 내용을 읽고 놀란 적이 있었기 때문이죠. 어떻게 한 부모로부터 그렇게 다양한 자식이 나올 수 있는 걸까요?

부모로부터 자식에게 유전 물질이 전달되는 전달 유전에서 가장 중요한 단계가 바로 생식세포를 만드는 **생식세포분열** 과정이라고 해요. 다양한 유전 정보의 조합으로 생식세포가 무진장 다양하게 만들어지는 과정이기 때문이지요. 분열 결과 유전자가 완전 같은 체세포분열과 달리, 생식세포분열은 분열 결과 대부분은 다른 유전 정보를 가지게 됩니다. 염색체 수도 반으로 줄어들기 때문에 **감수분열**이라고도 해요.

생식세포가 만들어지는 장소는 생식소인데, 동물의 경우 정소와 난소, 식물의 경우 꽃밥과 씨방이 생식소에요. 생식세포분열 결과 만들어진 생식세포는 정자와 난자, 꽃가루와 밑씨가 되죠. 생식세포분열을 관찰하고 싶다면 한창 생식세포가 만들어지는 시기의 생식소, 예를 들어 어린 꽃봉오리의 꽃밥을 관찰하면 된다고 하네요.

핵상이 2n인 체세포로부터 핵상이 n인 생식세포가 만들어지는 과정을 살펴보면, 체세포분열과 마찬가지로 우선 세포주기의 S기 때 DNA 복제가 두 배로 일어납니다. 그리고 분열이 시작되면 염색사가 염색체로 응축되기 시작하는 것도 같아요.

체세포분열과 감수분열의 차이를 일으키는 중요한 사건은 바로 분열이 시작되는 전기 시기에 일어나요. 첫 번째 감수분열 전기에 응축된 염색체 중 서로 상동인 염색체가 접합하게 됩니다. 이를 **2가 염색체**라고 하는데, 중기까지 2가 염색체는 마치 한 몸인 것처럼 함께 움직여요. 중기 이후 방추사가 연결된 후 양극 쪽으로 끌려가면서 2가 염색체는 분리되기 시작하죠. 그래서 양쪽에 새로 생긴 핵에는 상동 염색체가 각각 있으므로, 양쪽의 핵은 체세포분열과는 다르게 서로 다른 유전 정보를 가지는 거예요. 상동 염색체는 대립유전자의 위치는 같아도 그 내용은 다르기 때문입니다.

이렇듯 세포분열이 일어난 후 두 세포의 유전 정보가 달라지는 것을 **이형분열**이라고 해요. 그리고 상동 염색체가 양쪽으로 나뉘었기 때문에 분열 후 형성된 각 세포의 염색체 수는 절반으로 줄어들게 되지요.

생식세포분열은 여기서 그치지 않고 한 번 더 분열하는데, 이때는 체세포분열처럼 염색체가 세포 중앙으로 이동하고, 염색분체가 분리됩니다. 두 번째 분열 결과 새로 생긴 양쪽 세포의 정보가 체세포분열처럼 같겠지요. 그래서 **동형분열**이라고 해요. 하지만 실제 생식세포분열에서는 두 번째 분열 결과 두 세포의 유전 정보가 다르답니다.

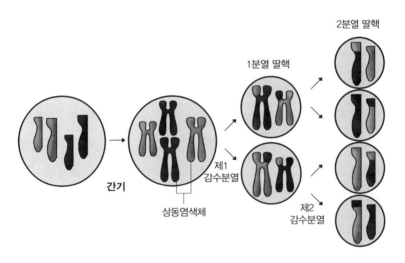

생식 세포 분열 과정 모식도

생식세포분열 후 딸핵은 염색체 수가 반으로 줄어들고, 유전 정보도 달라져 있다

2가 염색체가 만들어지는 과정에 상동 염색체 간 유전자 교환인 교차가 일어나기 때문이지요. 교차가 일어나지 않는다면 사람의 경우 만들어지는 생식세포의 종류는 2^{23}개이지만, 교차가 일어나기 때문에 훨씬 더 다양해지는 것입니다.

이렇게 다양한 생식세포가 서로 만나서 수정이 되는 경우의 수도 매우 크니까, 1조 명 이상의 자식을 낳았을 때 유전적으로 완전 같은 자식이 생길 가능성이 있다는 얘기가 나오는 거였어요.

- **유전자**

  유전자란 생물의 형질을 결정하는 유전 정보가 있는 특정 부분을 말해요. 이 유전 정보는 DNA에 존재하니까 DNA에는 많은 유전자가 있는 거예요.

- **DNA**

  DNA는 뉴클레오타이드가 기본 단위이면서, 이중나선구조를 하는 핵산 분자 중 하나로 유전자를 포함하고 있어요. 진핵생물에서는 히스톤 단백질을 휘감아서 뉴클레오솜을 형성하고 있어요.

- **염색사**

  염색사는 수백 만개의 뉴클레오솜이 연결된 구조이며, 세포가 분열하기 시작하면 코일 형태로 응축되어 염색체로 변하게 되지요. 염색사와 염색체의 차이는 응축 정도의 차이라고 생각하면 돼요.

- **상동 염색체**

  체세포에 존재하는 모양과 크기가 같은 한 쌍의 염색체를 상동 염색체라고 합니다. 상동 염색체 중 하나는 어머니로부터, 하나는 아버지로부터 받아서 한 쌍을 완성하는 것이지요. 그리고 상동 염색체의 같은 위치에 대립유전자가 존재하게 되는 거예요.

- **핵상**

  핵상은 하나의 세포 속에 들어있는 염색체의 조합 상태를 말합니다. 상동 염색체가 없는 경우 n으로, 상동 염색체가 2쌍을 이루고 있는 경우는 2n, 상동 염색체가 3쌍을 이루고 있는 경우는 3n으로 나타내지요.

- **핵형**

  체세포의 염색체를 크기와 모양이 같은 것끼리 짝지어 나열하여 볼 수 있는 염색체 수, 모양, 크기 등에 대한 특성을 말합니다. 핵형을 통해서 염색체 수 이상, 구조 이상을 파악할 수 있어요.

- **세포주기**

  세포주기는 크게 간기와 분열기로 나눌 수 있어요. 간기 중에
  는 분열 후 생장기인 G_1기, 분열을 준비하기 위해 DNA를 복
  제하는 S기, 분열 전 필요한 물질을 만들며 생장하는 G_2기가
  포함되지요. 이후에 분열기인 M기를 지나면 새로운 세포주
  기가 시작됩니다.

- **체세포분열**

  생장이나, 발생, 상처 재생 등을 위해 일어나는 세포분열로
  한 번의 분열을 거치므로 한 개의 모세포로부터 2개의 딸세
  포를 형성하게 됩니다. 분열 전후 염색체 수도, 유전적 내용
  도 그대로 보존되는 세포분열입니다.

- **감수분열(생식세포분열)**

  생식소에서 일어나는 세포분열로, 두 번의 분열을 거치면서
  한 개의 모세포로부터 4개의 딸세포가 형성돼요. 분열 전후
  염색체 수도 절반으로 줄고, 유전적 내용도 달라지는 세포분
  열로, 종의 유전적 다양성을 위해 중요한 세포분열입니다.

Chapter
9

사람의 유전

．

보조개, 쌍꺼풀, 처진 귓불, 일자형 이마 선, 혀 말기, 주근깨…. 사람 얼굴에 있는 특징 중 일부만 나열해 보았습니다. 이 특징들은 부모님으로부터 자손에게 전달되는 것들이에요. 부모님을 관찰해 보면 이 특징들이 어떻게 조합되어 전달되었는지 대략 감을 잡을 수 있기도 하고요. 그런데 부모로부터 자손에게 전달되는 과정에서 실제로는 형질이 아니라 유전자가 전달됩니다. 지금은 너무도 당연하다고 받아들이는 이 생각이 정착된 건 그리 오래되지 않았어요.

그럼 이제부터 유전에 대해 알아보기로 해요.

멘델의 유전 법칙

멘델 이전에는 자손이 만들어질 때 액체와 같은 상태인 부모의 유전 물질이 서로 섞인다고 생각을 했습니다. 이걸 **혼합설**이라고 해요. 하지만 식물을 기르면서 유심히 관찰했던 멘델의 생각은 달랐습니다. 멘델은 하나의 형질을 결정하는 입자가 세포에 쌍으로 존재하고 있으며, 자손이 만들어지는 과정에서 생식세포에 그 입자 쌍이 나누어져서 들어가고 수정을 통해 다시 새로운 조합의 쌍이 형성된다고 생각했습니다. 그런 멘델의 생각을 **입자설**이라고 해요.

혼합설 모형

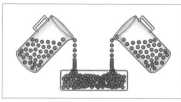

입자설 모형

수도원에서 7년간 완두콩 교배 실험에 몰두하면서 225회에 이르는 인공교배 결과 얻어낸 2만 8,000개 개체의 계보를 기록하고 분석하여 수학적 패턴을 발견해 내는 방대한 작업을 한 결과, 부모로부터 자손에게 유전자가 전달되어 형질이 결정되는 과정을 확신한 멘델은 자신의 연구 결과를 간략하게 정리해서 발표했습니다. 바로 여러분도 중학생 때 배웠던, 그 유명한 **멘델의 유전 법칙**이지요.

멘델은 완두콩으로 유전이 일어나는 과정을 설명했지만, 사람에게서도 기본적으로 같은 패턴으로 유전이 일어나고 있습니다. 멘델이 말한 유전 입자가 바로 염색체에 있기 때문이지요. 형질을 결정하는 입자가 한 쌍만 있는 게 아닌 것도 많지만, 멘델이 전수해 준 유전 방식을 기본으로 사람의 유전도 이해해 보기로 해요. 또한, 어떤 예외들이 존재하는지도 함께 탐험해 봅시다.

남녀평등, 상염색체 유전

학부모 상담 주간에 어머니께서 학교에 다녀가신 후, 농담 반 진담 반으로 수현이에게 "진짜 엄마 맞아?"라는 말을 건네는 아이들이 많아졌습니다. 장난기 가득하고 동글동글한 외모의 수현이와는 달리 현직 스튜어디스이신 어머니는 단아하며 달걀형의 미인이기 때문이었죠. 아버지를 많이 닮은 수현이는 모든 유전자를 아버지에게서만 받은 것 같다는 생각이 들었어요.

수현이 세포에 있는 대립유전자 쌍은 부모님으로부터 각각 하나씩 받아서 완성된 거예요. 따라서 어머니로부터 받은 유전자도 절반을 차지하고 있지요. 어떠한 형질이 우성과 열성이 분명한 경우라면, 열성 형질이 나타나기 위해서는 부모로부터 모두 열성인자를 받아야합니다. 만약 어느 한쪽에서 우성인자를 전해 받았다면, 우성인 형질만 드러나게 되는 거예요. 두 부모님에게서 볼 수 없는 형질이 자식에게 나타났다면, 이 형질은 열성형질이면서 부모 모두 열성인자를 가지고 있다는 것을 알 수 있어요.

유전자는 염색체에 있으므로 유전자가 어떤 염색체에 있는가에 따라서 유전되는 패턴이 약간씩 다르게 됩니다. 1번부터 22번인 **상염색체**에 유전자가 있다면 성별에 상관없이 유전될 것이고, X와 Y처럼 성을 결정하는 염색체인 **성염색체**에 있다면 성에 따라 유전되는 비율이나 특징이 달라질 거예요. 그리고 사람의 형질은 실제로 한 쌍의 대립유전자에 의해서 결정되기보다는, 많은 쌍의 대립유전자 상호작용 때문에 결정되는 경우가 많아요.

상염색체에 우성과 열성이 분명한 유전자가 있는 경우를 한번 살펴볼까요? 대표적인 예로 혈액형을 들 수 있어요. 간혹 부모님의 혈액형과 전혀 다른 혈액형을 가지고 있다며 걱정하는 학생들이 있는데, 전혀 걱정할 필요가 없어요. 심지어 가족 모두가 다른 혈액형을 가질 수도 있답니다. 어떻게 된 걸까요?

혈액형은 적혈구 막에 있는 특정 단백질 성분에 의해서 결정됩니다. 유전자 A를 가지면 성분 A가 만들어지고, 유전자 B를 가지면 성분 B가 만들어지며, 유전자 O는 아무런 성분도 만들어 내지 못한다고 생각해 봐요. 그래서 대립유전자 쌍이 AA, AO로 존재하는 경우 성분 A를 가지는 A형, 대립유전자 쌍이 BB, BO로 존재하는 경우 성분 B를 가지는 B형, 대립유전자 쌍이 AB로 존재하는 경우 성분 A와 성분 B를 모두 가지는 AB형, 대립유전자 쌍이 OO로 존재하는 경우 성분을 만들지 못하는 O형이 되는 것입니다.

이 내용을 바탕으로 부모의 혈액형에 대한 유전자형이 다음과 같은 경우, 자식의 혈액형은 어떻게 나올 것인지 같이 예상해 볼까요?

(가)		(나)		(디)		(라)	
부	모	부	모	부	모	부	모
AA	BB	BO	OO	AO	BO	AB	OO
AB		BO, OO		AB, AO, BO, OO		AO, BO	

부모의 혈액형과 같은 혈액형이 나오기도 하지만 부모에게서 나타나지 않는 혈액형을 가진 자식이 나타나기도 한다는 것을 알 수 있습니다.

상염색체에 존재하는 유전자 중 또 다른 예가 있어요. 조금 지저분한 기분은 들지만, 귀지의 종류를 결정하는 예를 들 수도 있어요. 축축한 귀지와 마른 귀지가 있는데 이것을 결정하는 유전자를 A와 a라고 하면, A는 축축한 귀지 유전자, a는 마른 귀지 유전자입니다. 이때 A가 a에 대해 완전 우성이기 때문에 A와 a를 모두 가지는 경우는 축축한 귀지가 됩니다.

그럼 부모의 귀지 관련 유전자형이 다음과 같으면 자식의 귀지는 어떻게 될까요?

(가)		(나)		(다)		(라)	
부	모	부	모	부	모	부	모
AA	aa	AA	Aa	Aa	Aa	aa	aa
Aa		AA, Aa		AA, Aa, aa		aa	

　그런데 축축한 귀지 유전자가 우성이고, 마른 귀지 유전자는 열성이라는 사실을 어떻게 알게 되었을까요? 사람은 초파리나 완두처럼 임의로 교배해 볼 수가 없으니깐 이미 결과가 나와 있는 **가계도**를 이용해서 역추적할 수밖에 없어요. 그래서 사람의 유전은 가계도를 조사하고 해석하는 게 매우 중요하다고 할 수 있어요.

　가계도에서 특정 패턴이 나타나면 쉽게 알 수 있는데, 다음과 같은 패턴이 있다면 상염색체에 유전자가 위치한다는 걸 바로 알 수 있답니다.

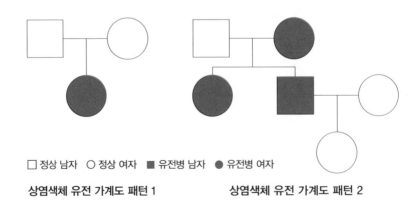

□ 정상 남자　○ 정상 여자　■ 유전병 남자　● 유전병 여자

상염색체 유전 가계도 패턴 1　　　**상염색체 유전 가계도 패턴 2**

첫 번째 패턴에서는 유전병을 앓는 자식이 정상인 부모에게서 태어났습니다. 만약 이 유전병이 돌연변이에 의한 게 아니라면 자식은 부모로부터 유전자를 받은 것이고, 그 유전자는 부모에게서는 발현되지 못한 열성유전자라는 사실을 알 수 있어요.

만약 유전병 유전자가 X염색체에 있다면 아버지의 X염색체가 딸에게 전달되어야 해요. 딸이 열성인 유전병을 나타내므로 아버지도 유전병이어야 하지만, 가계도를 보면 그렇지 않아요. 그러므로 이 유전병 유전자는 X염색체에 있을 수가 없습니다. 결론적으로 이 유전병은 상염색체에 있는 유전자에 의한 유전이며, 열성이라는 것을 알 수 있어요.

두 번째 패턴에서 아버지와 딸과의 관계를 보면, 서로 표현형이 같지 않은 경우가 두 가지 있음을 알 수 있습니다. 그런데 그 두 가지 경우에서 각 아버지의 형질이 서로 다르죠. 만약 유전자가 X염색체에 있다면 유전병이 우성이라고 할 때도, 열성이라고 할 때도 모든 경우에서 맞지 않아요. 따라서 상염색체 유전임을 알 수 있는 거예요.

아들은 엄마를 닮는다? 성염색체 유전

'훈련으로 극복하는 색각 이상'에 관한 책을 찾던 민규는 지난주의 일이 떠올라 갑자기 서글픈 생각이 들었어요. 분명히 같은 양말을 신고 학교에 갔는데, 친구들이 "멋 부리는 거야?" "반항을 이런 식으로 소심하게 해?"라면서 양말 색이 다른 걸 지적했거든요. 일부러 그랬던 척을 하긴 했지만, 자신이 색각 이상이라는 것을 당당하게 말하지 못해서 맘이 불편했습니다.

부모님은 모두 색 구분을 잘하는데 왜 민규만 이런 걸까요? 유명한 만화가 중에도 색약인 분이 있다는데. 색각 이상은 어떻게 생기는 걸까요?

사람의 성을 결정하는 염색체로는 **X염색체**와 **Y염색체**가 있습니다. 난자와 X염색체를 가진 정자가 수정하면 여자, 난자와 Y염색체를 가진 정자가 수정하면 남자로 성이 결정되죠. 그래서 이 X염색체와 Y염색체에 있는 특정 형질 유전자는 성과 관련성이 있을 수밖에 없어요.

만약 특정 유전자가 Y염색체에 있다면 어떻게 될까요? 여자는 그 형질을 가질 수가 없겠죠? 대표적으로 **귓속 털 과다증**이 있는데, 귓속에서 털이 길게 자라는 형질이에요. 남자는 Y염색체를 아버지에게서 받기 때문에 아버지가 이 유전자를 가진다면 그 아들은 반드시 이 유전자를 받을 수밖에 없게 됩니다.

반면 유전자가 X염색체에 있다면 어떨까요? 여자는 XX, 남자는 XY이기 때문에 여자의 경우 대립유전자 쌍의 상호작용으로 형질이 결정되고, 남자는 X염색체에 어떤 유전자가 있느냐에 따라 형질이 바로 결정되어버려요.

예를 들어 **적록 색맹**의 경우, 적록 색맹 유전자를 X'라고 표현해 봅시다. 적록 색맹 유전자는 열성인자이기 때문에, 여자의 경우 XX, XX'인 경우 색맹이 아니고, $X'X'$ 조합일 경우에만 적록 색맹이 되겠죠. 반면 남자는 X'이 있으면 바로 적록 색맹이 됩니다. 이처럼 X염색체에 유전자가 있으면 성별에 따라 나타나는 정도에 차이가 나며, 성별에 따라 다른 양상을 보이게 됩니다.

적록 색맹인 남자는 아버지의 형질과는 전혀 상관없이 그 유전자를 어머니로부터 받은 것이었어요. X염색체는 여러 염색체 중에서도 크기가 크며 많은 유전자를 포함하고 있어요. X염색체에 있는 유전자 중에서는 **혈우병**을 일으키는 유전자가 유명합니다. 혈우병은 대

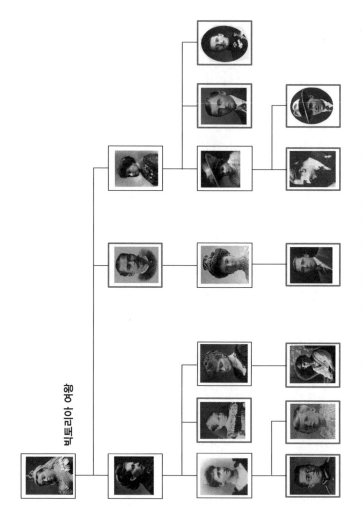

빅토리아 여왕

빅토리아 여왕의 혈우병 유전자를 받은 자손들

색깔 있는 네모 표시(된) 사람이 혈우병이 발병한 사람이다.

영제국의 빅토리아 여왕 때문에 유명해졌는데, 빅토리아 여왕의 혈우병 유전인자를 지닌 딸과 손녀들에 의해 유럽 왕실 전체에 혈우병을 퍼뜨리게 되었기 때문이에요.

하나를 위한 여럿의 협업, 다인자 유전

예진이의 가족은 모두 혈액형이 O형입니다. 예진이가 태어나기 전부터 부모님께서는 예진이가 O형이 되리라는 걸 알았다고 하셨죠. '가족이니깐 모두 같은가 보다'라고 생각하다가, 문득 자신을 제외한 나머지 가족의 키가 모두 크다는 사실에까지 생각이 미쳤습니다. '혈액형을 예측하셨다면 혹시 키도?'라는 생각이 들어서 부모님께 여쭤봤지만 "그걸 어떻게 아니? 네가 편식을 하니깐 키가 안 큰 거 아닐까?"라는 반문만 받았어요. 왜 혈액형은 예측한 대로 정확하게 일치했으면서 키를 예측하지는 못하는 걸까요?

우리가 부모님으로부터 물려받은 형질로는 무엇이 있을까요? 키, 얼굴형, 피부색…. 하나씩 적다 보면 노트 한 페이지쯤은 거뜬히 넘길 수 있을 거예요. 이렇게나 많은 형질이 유전되는 방식은 그 다양성만큼 다양하다고 할 수 있어요.

우리가 지닌 형질 중 어떤 것은 한 쌍의 유전자에 의해서 결정되기도 하지만, 여러 쌍의 유전자에 의해 형질이 결정되는 것도 있습니다. 한 쌍의 유전자에 의해 형질이 결정되는 유전을 **단일 인자 유전**이라고 하고, 여러 쌍의 유전자에 의해 형질이 결정되는 유전을 **다인자 유전**이라고 해요.

유전의 원리에 대해 익히고자 할 때 단일 인자 유전을 명확하게 이해하는 게 좋지만, 실제 우리가 가지는 많은 형질은 다인자 유전을 따른답니다. 한 쌍의 유전자에 의해서만 형질이 결정되는 단일 인자 유전보다는 다인자 유전으로 형질이 결정되는 경우가 훨씬 다양한 형질을 가지게 됩니다. 키, 몸무게, 피부색, 발 크기, 지능 등등 '작다' '크다' '중간이다'로 명확하게 말할 수 있는 형질들이 바로 다인자 유전에 속해요.

다인자 유전의 경우 많은 쌍의 유전자가 관여하기 때문에, 환경에 따라 각 유전자가 영향을 받음으로써 발현되는 형질에 변화가 생길 가능성이 커요. 따라서 다인자 유전은 환경의 영향을 많이 받는 특성이 있습니다.

다인자 유전에서 여러 형질이 나오는 것을 예를 들어 볼게요. 피부색이 세 쌍의 유전자에 의해 결정이 된다고 가정을 해 보죠. 각 유전자가 A, B, C라고 하고 이 각각의 대립유전자가 a, b, c라고 할게요. 대문자가 많을 시 갈색에 가까운 진한 피부색을 가지고, 소문자가 많을 시 흰 피부에 가까워진다고 했을 때, AaBbCc인 두 부부로부터 태어날 수 있는 자손의 피부색으로 가능한 것은 몇 종류가 될까요? 유전자형에 대문자가 6(AABBCC)개여서 극히 진한 색의 피부를 가진 자손부터 소문자가 6개(aabbcc)여서 극히 밝은색 피부를 가진 자손까지 총 7가지 피부색이 가능하겠죠? 단일 인자 유전보다 훨씬 다양하게 나타나는 걸 알 수 있어요.

예측 불가능 X맨, 그 이름은 돌연변이

어느 예능 프로그램에서 어릴 때부터 남다른 외모로 힘들게 살아온 사람이 소개되었어요. 손발이 유달리 작고 머리카락이 많이 빠져 있었으며, 미묘하게 남다른 느낌을 풍기고 있었습니다. 전문의들의 면담과 검사 후 '터너증후군'이라는 진단이 내려졌어요. 그런데 다른 질병처럼 치료가 되는 것이 아니라 유전에 의한 증후군이라는 설명이 이어졌습니다.

윤지는 이 프로그램을 보고 정상인 부모님으로부터 유전 때문에 그런 증후군이 생길 수 있다는 것에 궁금증이 생기기도 하고, 자신에게도 그런 일이 생길 수 있지 않을까 하는 두려운 마음이 살짝 들기도 했어요.

우리나라 기형아 출산율은 약 1.7%로 알려져 있어요. 이러한 기형 중 선천성 기형의 원인으로 유전에 의한 비율이 30%를 차지한다고 합니다. 유전적 이상은 염색체 숫자가 많거나 적은 경우, 또는 염색체의 구조가 변한 경우, 그리고 눈으로는 확인할 수 없으나 유전자의·내용에 이상이 있는 때도 있습니다. 이러한 것을 **돌연변이**라고 해요.

돌연변이란 유전자나 염색체의 변화 때문에 부모에게 없던 새로운 형질이 나타나는 현상을 말합니다. 여러 동식물도 돌연변이가 있으나 우리는 사람의 돌연변이에 한정해서 이야기하기로 해요.

생명을 이어가는 데 여러 가지로 불리한 점이 있지만 그래도 태어났다는 것은 생물적 관점에서만 본다면 생존은 가능한 정도의 돌연변이였다는 뜻입니다. 실제로 변이가 너무 심할 때는 발생 과정을 제대로 거치지 못해서 태어나지 못하기 때문이지요. 대표적인 돌연변이로 다운증후군, 알비노, 고양이울음증후군 등 여러 가지가 있는데, 이 돌연변이들은 서로 발생하게 되는 과정이 각각 다릅니다. 발생 원인에 따라서 나눠 보면 **염색체 돌연변이**와 **유전자 돌연변이**로 나눌 수 있어요.

염색체 돌연변이는 염색체의 수나 구조에 이상이 생긴 돌연변이를 가리켜요. 염색체에는 많은 유전자가 포함되기 때문에 염색체에 이상이 있다면 많은 유전자에 문제가 생기게 되므로 정상적으로 탄생하기까지 어려움이 더 클 거에요. 그래서 염색체 돌연변이는 종류가 그렇게 많지는 않은 편입니다.

대표적인 몇 가지를 알아볼게요. 염색체의 수가 하나 더 많은 다운증후군, 클라인펠터증후군, 하나가 적어서 45개의 염색체를 가지는 터너증후군 등이 있어요. 이렇게 염색체 수가 조금씩 차이가 나는 돌연변이를 **이수성 돌연변이**라고 합니다. 발생 원인은 생식세포를 만드는 과정에서 염색체의 분리가 제대로 일어나지 못했기 때문이에요. 그래서 비정상적인 염색체 수를 가진 생식세포가 수정에 참여하게 된 거죠.

21번 염색체의 비 분리가 일어나서 그 수가 하나 더 많은 생식세포와 정상 생식세포 염색체의 수정으로 태어난 사람은 다운증후군이 됩니다. 성염색체의 비 분리로 염색체 수의 이상이 있는 경우로는 성염색체의 조합이 XXY인 클라인펠터증후군, 성염색체가 X뿐인 터너증후군이 있어요.

염색체의 수에는 이상이 없지만 핵형을 살펴보았을 때 일부가 잘려 나가거나, 염색체 내의 같은 부분이 반복되거나, 염색체 내에서 위치 변화가 생기는 일도 있습니다. 그리고 염색체의 한 부분이 비상동 염색체로 이동하는 때도 있어요. 이러한 경우는 각각 결실, 중복, 역위, 전좌이며, **구조 돌연변이**라고 해요.

구조 돌연변이에 의한 유전적 질병으로 대표적인 것은 5번 염색체의 결실에 의한 고양이울음증후군, 8번과 14번 염색체 사이의 전좌가 일어난 생식세포를 부모로부터 받아서 발생한 버킷림프종 등이 있어요.

구조 돌연변이의 경우 살아가는 중에 일부 세포에서 발생하여 그 부분에 질병을 일으키는 일도 있는데, 9번과 22번 사이의 전좌에 의한 만성 골수 백혈병은 부모로부터 유전된 것이 아니라 살아가는 중 조혈모세포에서 발생한 전좌에 의해 유도된 대표적인 질병입니다. 이러한 염색체의 수나 구조의 변이에 의한 돌연변이는 핵형 분석을 통해 알아낼 수가 있어요.

염색체 돌연변이가 핵형 분석을 통해 알아낼 수 있는 것과는 달리, 유전자의 DNA 서열에 변화가 생겨서 생긴 유전자 돌연변이는 염색체를 한참 들여다본다고 해서 알아낼 수가 없어요.

대표적으로 낫 모양 적혈구 빈혈증은 하나의 뉴클레오타이드가 바뀌었을 뿐인데 적혈구의 모양이 비정상적으로 나타나는 돌연변이이므로, 표현형을 통해서만 알아낼 수 있습니다. 또 다른 예인 페닐케톤 요증의 경우는 혈액이나 소변을 통해서 생화학적으로 분석해낼 수가 있어요. 이렇게 유전자 돌연변이는 증상을 통해 알아낼 수밖에 없습니다.

- **단일 인자 유전**

  한 형질을 결정하는 데 관여하는 대립유전자 쌍이 한 쌍인 경
  우를 단일 인자 유전이라고 합니다.

- **다인자 유전**

  하나의 형질을 결정하는 데 관여하는 대립유전자 쌍이 두 쌍
  이상인 경우를 다인자 유전이라고 해요. 대립유전자 쌍이 조
  합되는 경우가 단일 인자 유전보다 다양하므로 나타나는 형
  질도 더 다양하고, 환경의 영향을 많이 받게 되어 있답니다.

- **상염색체 유전**

  유전자가 상염색체에 있으면 성과 무관하게 유전됩니다. 귀
  지의 상태를 결정하는 유전자처럼 우성과 열성이 분명할 때
  는 가계도를 통해 쉽게 유전 패턴을 읽어낼 수 있어요. ABO
  식 혈액형 유전의 경우는 3가지 대립유전자를 가지는데, 이
  런 경우는 상염색체에 있어서 성과 무관해요. 한 쌍의 대립유
  전자에 의해서 형질이 결정되니깐 단일인자유전이고, 대립유
  전자의 종류가 3개 이상이니깐 복대립 유전이라고 합니다.

- **성염색체 유전**

  성염색체에 유전자가 있는 경우 남녀에 따라 발현 빈도가 달라지는데 대표적인 예로 적록 색맹 유전과 혈우병 유전이 있어요.

- **염색체 수 이상**

  생식세포를 형성하는 과정에 염색체 비분리 현상이 일어난 생식세포가 수정에 참여해서 돌연변이가 나타나는 이상이에요. 21번 염색체가 3개인 다운증후군, X염색체가 하나 더 있는 남성인 클라인펠터증후군, X염색체가 하나 부족한 여성인 터너증후군을 들 수 있어요.

- **염색체 구조 이상**

  염색체의 수는 정상인과 같지만, 염색체 일부가 잘려서 없어지거나 다른 상동 염색체에 있어야 할 부분이 이동해 오거나 해서 발생하는 돌연변이가 구조 이상에 해당합니다. 구조 이상은 결실, 중복, 역위, 전좌가 있고 대표적인 예로는 5번 염색체 일부가 결실되어 나타나는 고양이울음 증후군이 있어요.

- **유전자 돌연변이**

  유전자 돌연변이는 DNA의 염기서열에 이상이 생겨 일어나
  는 변이로, 핵형을 통해서는 그 이상 여부를 알 수가 없어요.
  대표적인 유전자 돌연변이로는 낫 모양 적혈구 빈혈증, 페닐
  케톤 요증 등이 있습니다.

01 다음 그림은 어떤 사람의 체세포에 있는 염색체의 구조를 나타낸 것이고, 이 사람의 어떤 형질에 대한 유전자형은 Aa입니다. ㉠~㉢에 대한 설명이 옳은 것은 무엇일까요?

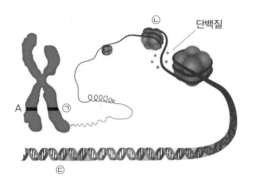

단백질

〈보기〉

ㄱ. ㉠은 대립유전자 a이다.

ㄴ. ㉡은 뉴클레오솜이다.

ㄷ. ㉢은 RNA이다.

02 다음 그림은 어떤 동물 체세포의 세포주기를 나타낸 것이고, ㉠~㉢은 각각 G₁, G₂, S기 중 하나입니다. ㉠~㉢과 M기에 대한 설명이 옳은 것은 무엇일까요?

ㄱ. 핵 1개당 DNA양은 ㉠시기 세포가 ㉢시기 세포의 2배이다.

ㄴ. 방추사는 ㉡시기에 나타난다.

ㄷ. M기에 핵막의 소실과 형성이 관찰된다.

03 다음 그림은 대립유전자 A와 A′에 의해 결정되며, A가 A′에 대해 완전 우성인 어떤 유전병에 대한 어떤 집안의 가계도를 나타낸 것입니다. 이 가계도에 대한 설명으로 옳은 것은 무엇일까요?

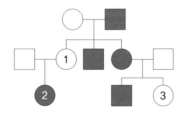

□ 정상 남자   ○ 정상 여자   ■ 유전병 남자   ● 유전병 여자

04 다음 그림은 어떤 사람의 핵형을 나타낸 것입니다. 이에 대한 옳은 설명
은 무엇일까요?

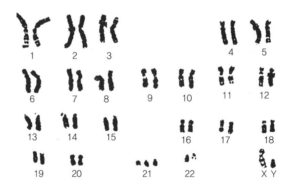

〈보기〉

ㄱ. 간기의 세포를 관찰한 것이다.

ㄴ. 이 사람은 다운증후군을 나타낸다.

ㄷ. 이 실험 결과에서 낫 모양 적혈구 빈혈증 여부를 알 수 있다.

1. ㄱ. ㉠은 A가 복제되어 형성된 부분이므로 **A와 같은 유전자인 A입니다.**

   ㄴ. ㉡은 DNA와 히스톤 단백질로 구성된 **뉴클레오솜을 나타냅니다.**

   ㄷ. ㉢은 이중나선구조의 **DNA입니다.**

∴ **정답은 ㄴ입니다.**

2. 세포주기를 알아보면 각각 ㉠은 분열 후 생장기인 G_1기, ㉡은 DNA 복제 시기인 S기, ㉢은 분열 전 생장기인 G_2기예요.

   ㄱ. S기를 거치고 나면 핵 1개당 DNA양이 2배가 되므로 **G_2기(㉢)가 G_1기(㉠)의 2배가 됩니다.**

   ㄴ. 방추사는 **분열기인 M기**에 나타납니다.

   ㄷ. M기 중 **전기에 핵막 소실**이 일어나고, M기 중 **말기에 핵막이 다시 형성**되는 것이 관찰됩니다.

∴ **정답은 ㄷ입니다.**

3. 2의 부모는 유전병이 아니지만, 2는 유전병 여자입니다. 유전병이 열성유전이라는 사실을 알 수 있습니다.

   ㄱ. 유전병 유전자 **A′가 상염색체에 있습니다.**

   ㄴ. 가계도에 있는 구성원들의 유전자형을 적어보면 다음과 같습니다. 구성원 **모두 A′를 가지고 있는 것을 알 수 있죠.**

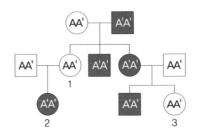

ㄷ. 2의 동생이 태어날 때 유전병일 확률은 $\frac{1}{4}$이며, 3의 동생이 태어날 때 유전병일 확률은 $\frac{1}{2}$이므로 둘 다 유전병일 확률은 $\frac{1}{4} \times \frac{1}{2} \times 100$으로 12.5%가 됩니다.

∴ **정답은 ㄴ, ㄷ입니다.**

4. ㄱ. 핵형을 분석하기 위해 사용하는 세포는 분열기 중 중기의 염색체가 가장 뚜렷이 관찰되므로 **중기의 세포를 사용합니다.**

ㄴ. 핵형을 살펴보면 **21번 염색체가 3개이므로 다운증후군**을 나타낸다는 것을 알 수 있어요.

ㄷ. 낫 모양 적혈구 빈혈증은 유전자 이상에 의한 돌연변이이므로 **핵형 분석을 통해서는 알아낼 수 없습니다.**

∴ **정답은 ㄴ입니다.**

생태계의 구성과 기능

"낯선 정적이 감돌았다. 새들은 도대체 어디로 가버린 것일까? (중략) 전에는 아침이면 울새, 검정지빠귀, 산비둘기, 어치, 굴뚝새 등 여러 새의 합창이 울려 퍼지곤 했는데, (중략) 들판과 숲과 습지에 오직 침묵만이 감돌았다."

새들은 어디로 간 걸까요? 이 구절은 상징으로 가득 찬 시가 아니라 실제로 새들이 사라진 풍경을 알려주는 책 속의 문장입니다. 바로 미국의 생물학자 레이첼 카슨(Rachel Carson)이 발표한 책 《침묵의 봄》의 한 구절이에요.*
벼룩과 진드기로 인한 고통을 한 방에 날려 보내는 기적의 약품으로 40년간 애용된 살충제 DDT, 그 DDT가 곤충뿐만 아니라 곤충을 먹는 새들까지 죽이고 있었던 겁니다.
세계자연기금(WWF)은 '지구생명지수(LPI, Living Planet Index)'를 통해 6,500만 년 전 공룡이 멸종한 이후 현재 가장 빠른 속도로 생물 종이 감소하고 있다고 지적했습니다.
인간은 인간의 번영을 위한 활동을 해 왔는데, 기후가 변하고 생물 종들이 사라지고 있네요. 인간이 아닌 다른 생물들이 지구상에서 사라지는 것이 큰 문제일까요? 생물 종을 지키는 일이 왜 중요하고, 우리는 어떻게 변화해야 하는지 함께 고민해 보도록 해요.

---

* 《침묵의 봄》, 레이첼 카슨 지음, 김은령 옮김, 에코리브르, 2011.

생태계, 우리 집

1993년 9월 26일, 제인 포인터를 비롯한 8명의 사람이 커다란 유리 건물에서 걸어 나오고 있습니다. 이들은 제2의 지구를 구현하여 세대를 이어서 100년을 거주하겠다는 포부로 2년 20분 전인 1991년 9월 26일 바이오스피어 2에 입주했던 사람들입니다.

달이나 화성에서도 생활할 수 있는 공간을 만들고자 했던 바이오스피어 2 프로젝트에는 2,000억 원이 넘는 예산과 연구 인력이 투입되었는데, 이 프로젝트는 무엇을 흉내 내려고 한 것일까요? 바로 바이오스피어 1, 지구 생태계입니다.

그리스어 '집'을 의미하는 단어인 'Oikos'에서 유래된 **생태계 (ecosystem)**는 여러 생물이 어우러져 살아가는 집과 같습니다. 바이오스피어 2가 흉내 내려 했다는 지구 생태계만이 진정한 생태계일까요? 아니면 작은 연못도 생태계가 될 수 있을까요?

바이오스피어 2
미국 애리조나주에 있는 거대한 폐쇄형 생태계

　2년 20분간 바이오스피어 2에서 고군분투하며 살았던 제인 포인 터는 그곳의 경험에서 영감을 얻어 페트병 크기의 자동 식물 생장 장치, 달에서 식물이 자랄 수 있는 작은 생태계를 만들어 냈습니다. 누구도 관여하지 않아도 에너지만 주어진다면 자동으로 생명체들이 살아가는 곳이 바로 생태계입니다. 지금부터 생태계가 되기 위해 갖추어야 할 조건과 생태계가 잘 유지되기 위한 조건을 알아보도록 해요.

　눈을 감고 아름다운 자연을 떠올려 볼까요? 햇살이 내비치는 파란 하늘 아래에 손을 넣어 보지 않아도 시원할 것 같은 냇물이 조그마한 물보라를 일으키며 흘러가네요. 냇가의 초록 풀잎 사이로 꼬리가 동그란 토끼가 뛰어다니고, 빨간 열매가 맺힌 키 작은 나무에는 긴 꼬리를 자랑하는 새들이 모여서 지저귀고 있어요. 까맣고 축축한 흙에서 양분을 빨아들인 나무들은 기름칠한 듯 반짝거리는 잎사귀를 자랑합니다.

생태계에는 이렇게 생물이 살고 있어요. 밝은 태양과 맑은 공기와 목마름을 채워 주는 물, 양분과 살 공간을 내어 주는 흙도 있고요. 그리고 그것들은 서로에게 의지하고 영향을 주고, 서서히 변해 가고, 더 의지하며 지내고 있지요. **생물적 요인**과 **비생물적 요인**이 서로 영향을 주고받으며 얽혀 있어 자동으로 돌아가는 시스템, 바로 이것이 생태계입니다.

생물도 저마다의 역할이 달라요. 먼저, 광합성을 해서 무기물을 유기물로 합성해 내고, 다른 생물들에게 이용할 수 있는 양분의 원천을 만들어 주는 생산자가 있어요. 또한, 다른 생물을 먹으며 얻은 양분으로 생활하는 소비자가 있고, 맛있게 먹었을 뿐인데 유기물을 엄청나게 분해해서 무기물로 돌려보내는 기여도가 큰 분해자로 나눌 수 있어요. 비생물적 환경 요인도 여러 가지가 있지요. 빛, 온도, 물, 토양, 공기 등이에요. 이들이 모여 생태계를 구성합니다.

식물은 태양 빛을 에너지원으로 합니다. 이산화탄소를 끌어들여 광합성을 하고, 산소를 대기 중으로 내보내죠. 초식동물은 그 식물을 먹음으로써 유기물을 취하고, 육식 동물은 다른 동물을 잡아먹음으로써 생명을 유지하고 있습니다. 이처럼 생물들은 서로 생태계 내에서 밀접한 관계를 맺고 있어요. 이러한 상호 관계를 빛과 공기 등의 무기 환경에 의해 생물 요소가 영향을 받는 **작용**, 반대로 생물 요소에 의해 무기 환경에 변화가 일어나는 **반작용**, 생물 요소 상호 간에 영향을 주고받는 **상호작용**으로 구분합니다.

생물체는 무기 환경의 영향을 매우 크게 받는데, 환경의 변화가 지속적일 때 그에 맞추어 생물은 변화하고 적응하고 진화해 왔습니다. 그중 생물체 전반에 있어서 가장 중요한 무기 환경은 에너지의 원천인 태양이지요. 식물은 태양 빛이 강하면 가늘고 두꺼운 잎을, 약하면 넓고 얇은 잎을 만들어 광합성을 많은 곳에서 할 수 있도록 적응했습니다.

동물 역시 마찬가지예요. 태양 빛이 강해서 기온이 높은 곳에서는 열을 발산하려 몸집이 작고 귀는 얇고 기다란 여우가, 태양 빛이 약해서 기온이 낮은 곳에서는 어떻게든 열을 보존하고 뺏기지 않으려 둥그렇고 커다란 몸집과 짧은 귀를 가진 여우가 살아가고 있는 거예

작은 몸집에 커다란 귀를 가진 사막여우　살집이 많은 몸에 짧은 귀를 가진 북극
여우

요. 너무도 당연한 생존 전략에 법칙씩이나 부여한 알렌과 베르그만은, 기온에 따른 정온 동물의 적응방식 경향을 '기온이 낮은 지역일수록 동물의 말단부가 작아지는 경향이 있다'와 '기온이 낮은 지역일수록 동물의 몸 크기가 커지는 경향이 있다'라고 다시 한번 강조했습니다.

습성의 근원, 개체군 내의 질서

　몽실몽실한 털이 매력인 준서네 강아지 몽몽이는 오늘도 여지없이 준서를 보고 으르렁거립니다. 준서가 얼굴이라도 만져 볼라치면 간혹 물기도 합니다. TV 프로그램에서 반려견 훈련사가 "개가 자기 주인이 알파 서열이라는 것을 확실하게 알도록 하라!"고 개 주인에게 충고하는 장면을 보면서, 준서는 몽몽이가 자신을 더 아래라고 생각해서 그러는 게 아닐까 하는 생각이 들었어요. 개의 어떤 특성 때문에 그런 것인지, 그리고 자신이 알파 서열인 걸 확실히 하려면 어떻게 해야 하는지 준서의 고민이 커졌습니다.

　늘대와 마찬가지로 개도 원래 **개체군**을 이루며 무리 지어 사는 동물이었어요. 질서를 유지하기 위해 상위 지위를 가진 개체의 명령에 잘 반응하는 특성이 있지요. 강아지의 특성은 한 마리 한 마리의 개성보다, 개체군 무리에서 드러나는 특징인 경우가 많습니다. 그래서 개체군의 특성을 이해하면 개체의 특성도 이해되지요.

생태계를 구성하는 생물 요소의 가장 작은 단위는 **개체**입니다. 하지만 모든 생물은 어떤 지역에 단 혼자서 존재할 수는 없어요. 그래서 모든 생물은 같은 종들이 가깝거나 어느 정도의 거리를 갖더라도 일정 공간에 함께 존재하게 되고, 이를 **개체군**이라고 한답니다. 그래서 개체군의 정의를 '일정한 지역에 사는 같은 종의 개체들 집합'이라고 내렸습니다. 개체군은 유사한 특성을 보이기도 하지만 종에 따라 그 특성이 매우 다르기도 해요.

개체군은 부모의 특성이 교배를 통해 자손에게 전해지는 유전적 단위이며, 일정 공간 내에서 상호작용하는 단위입니다. 따라서 일정 공간에서 개체군의 유전적 특성과 행동적 특성을 연구하게 되며, 그 특성은 생태계를 이해하는 데 매우 중요하죠. 개체군의 특성을 이해하려면 일정 지역에 얼마나 분포하고 있는지 알고, 변화를 관측하고 예측할 수 있어야 해요. 이러한 특성은 **밀도** 및 **생장곡선**, **생존곡선**의 변화를 통해 파악하고 예측할 수 있어요.

우리나라 인구가 줄어들고 있어서 걱정이라는 소리를 들어 보았을 거예요. 국토의 면적은 변하지 않으니까, 인구가 줄어든다는 건 결국 인구 밀도가 줄어든다는 겁니다. 한때는 인구 밀도가 너무 크다며 걱정한 시절도 있었어요. 인구 밀도가 국토 면적에 사는 인구수라는 것을 개체군 밀도에 그대로 적용하면, 개체군의 밀도는 단위 넓이에 대한 생물의 개체 수라는 걸 쉽게 알 수 있겠죠?

하지만 실제 개체군 밀도 측정은 쉽지 않아요. 생활하는 공간의 넓이는 쉽게 구한다지만 개체 수를 헤아리는 일은 단순하지 않거든요. 식물이나 고착생활을 하는 동물은 조사 지역을 소단위로 나누어 몇 개의 표본 지역을 선택한 후, 밀도를 측정하고 확대 적용하면 됩니다. 하지만 이동을 계속하는 동물의 경우는 포획하여 표시한 후 놓아주고 재포획하는 방법을 사용하여 계산해야 해요. 이렇게 밀도를 측정하면 개체군의 현재 상황을 파악할 수 있습니다.

개체군의 밀도 분포는 환경자원의 분포, 개체 간의 상호작용 등에 따라 달라지므로 다른 지역의 개체군을 비교하여 평가할 수 있는 좋은 지표가 되기도 하고 변화를 예측할 수도 있답니다.

개체군의 수는 늘 일정한 건 아니에요. 시간이 지남에 따른 개체 수 변화를 그래프로 나타낸 것이 **생장곡선**인데, 번식을 위한 최소단위부터 시작해서 개체 수의 변화를 측정하여 기록한 것입니다.

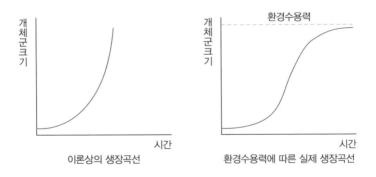

개체군 생장곡선

대장균을 배양한다고 생각해 보기로 해요. 대장균은 이분법으로 분열하기 때문에 번식을 위한 최소 단위가 1개입니다. 그리고 대장균은 약 20분 이내에 이분법으로 번식할 수 있어요. 대장균 개체 수 변화를 그래프에 기록해 보면 1시간이 지났을 때 2^3개체가 되고, 10시간이 지났을 때는 2^{30}개체가 되어 이론적으로 개체 수가 기하급수적으로 증가하여 J자형 곡선이 됩니다.

그러나 실제 개체 수 변화를 보면, 처음과는 다르게 어느 정도 시간이 지난 후에는 증가율이 감소해요. 이는 개체군에 작용하는 공간 부족, 먹이 부족, 노폐물 증가 등등의 환경 저항을 받기 때문이에요. 그래서 결국 개체군의 생장곡선은 급격히 증가하는 구간을 지나면 일정한 수준을 유지하는 S자형의 **로지스트형 곡선**을 나타냅니다. 개체군 생장곡선을 보면 같은 종이라고 하더라도 다른 생태계에서 생활하는 개체군들이 각각 처한 환경 저항의 정도를 파악할 수 있어요.

개체군의 변화를 예측하기 위해서는 현재의 개체 수만으로는 정보가 부족합니다. 개체군의 특성이 어떠한가에 따라 개체군을 구성하는 **상대적 연령분포**가 어떤지, 그리고 그 개체군의 어떤 유형의 생존곡선을 보이는지에 따라 그 변화 양상이 달라지기 때문이지요.

냇가에서 올챙이알을 발견해 본 사람이라면 얼마나 많은 수의 올챙이알이 뭉쳐 있는지 떠오를 거예요. 하지만 실제 성체인 개구리가 되어서 수명을 다하는 개체는 적어서, 개구리를 발견하기는 쉽지 않아요. 개구리와 달리 사람은 태어나는 수는 많지 않아도 탄생 이후

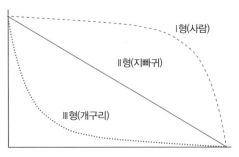

시기별로 살아남는 개체 수를 보여주는 생존곡선
Ⅰ형은 사람과 같은 유형으로 수명을 다하는 경우
Ⅱ형은 개체 수가 서서히 줄어드는 지빠귀 새형
Ⅲ형은 어린 개체 수는 많지만, 초반에 개체 수가 많이 줄
어드는 개구리형

생리적 수명을 다하는 경우가 많은 편에 속합니다. 시기에 따른 생존
개체 수를 그래프로 표현한 것이 생존곡선인데, 개구리와 사람은 전
혀 다른 생존곡선을 보입니다.

현재 개체 수가 많다고 하더라도 개구리와 같은 유형의 생존곡선
을 가질 때에는 시간이 지나간 후에 개체 수가 줄어들 것으로 예측할
수 있습니다. 지빠귀와 같은 유형의 생존곡선을 나타내는 것으로는
다년생 식물, 설치류, 다람쥐, 파충류 등이 있어요.

개체군에 있어서 가장 중요한 가치는 무엇일까요? 종의 유전자를
다음 세대로 잘 전달할 수 있도록 개체군을 유지하는 게 가장 중요
하답니다. 개체군 내에서 개체들 사이의 상호작용 양상을 살펴보면,
개체 간의 불필요한 경쟁을 줄이고 개체군의 안정화를 위한 다양한
전략을 관찰할 수 있어요. **텃세나 순위제, 리더제** 등이 바로 그것이

에요.

 동물이 다른 개체의 침입을 막기 위해 확보한 생활공간을 '텃세권' 이라고 하는데 이렇게 일정 공간을 확보하기 위한 행동을 '텃세'라 고 해요. 텃세를 통해 개체들이 분산됨으로써 개체군 밀도를 조절하 여 지나친 경쟁을 막는 기능을 하게 됩니다. 개체군 내의 힘의 강약 에 따라 순위가 결정되면 먹이를 먹거나 암컷을 차지하는 데에 순서 가 정해지게 되지요. 이러한 순위제를 통해 경쟁을 줄이고, 집단 내 질서를 유지하며, 우수한 형질을 다음 세대로 전달시키는 기능을 합 니다. 리더제의 경우 빠른 판단을 요구하는 집단행동을 하는 개체군 에서 주로 나타나는 상호작용이에요. 함께 사냥하는 늑대나 먼 거리 를 이동하는 기러기와 같은 철새에서 관찰되는 특성입니다.

군집에서 얽히고설킨다

시골에 계신 할머니와 통화를 끝내신 영수의 아버지가 한숨을 크게 내쉬면서 "멧돼지 때문에 한 해 고생해서 일군 농사가 쑥대밭이 되었다"라고 걱정을 하십니다. 한반도에 있는 멧돼지를 모두 없애버리고 싶다고도 하시네요. 아버지의 하소연을 들으면서 영수는 회색늑대 이야기가 떠올랐습니다.

북미 전 지역에 걸쳐 서식하던 회색늑대를 무분별하게 사냥한 후 순록, 들소, 사슴에 의해 식물들이 초토화되고 다른 야생동물들의 서식지가 위협받는 일이 벌어지고 나서야 회색늑대를 복원하기 위해 애썼다는 이야기였죠. 멧돼지가 끼치는 피해가 크기는 하지만 한 종의 생물을 조절했을 때 미치는 파급효과는 예측하기 힘들 거라는 생각도 들었어요. 어떻게 하는 게 옳은지 쉽게 판단하기가 어렵네요.

생태계에는 여러 식물과 동물을 비롯해 갖가지 생물체들이 존재

합니다. 하나의 개체군에 의해서만 생태계가 형성되지는 않아요. 따라서 여러 종의 생물 상호 간에 직접 또는 간접적으로 영향을 주고받으며 **생물 군집**을 이루고 살고 있습니다. 생물 군집 내의 생물들은 어떻게 서로에게 영향을 줄까요?

생물 군집 내에서 일어나는 상호작용의 가장 근원은 서로 먹고 먹히는 관계입니다. 먹고 먹히는 관계가 연쇄적으로 얽혀 있어서 **먹이 사슬**이라고 부르죠. 먹이 사슬이 복잡하게 얽혀 있으면 그 관계가 마치 거미가 쳐 놓은 그물 같아서 한쪽이 흔들리면 얽혀 있는 다른 쪽도 영향을 받게 되는 **먹이 그물**이 됩니다. 먹이 그물은 복잡하고 클수록 한쪽의 변화가 다른 쪽에 영향을 적게 주기 때문에 군집의 안정성이 커져요.

생태계에서의 지위는 공간과 먹이에 따라 결정되는데, 생태적 지위를 먹이에 따라 나눌 때 대략 **생산자, 소비자, 분해자**로 구분하기도 합니다. 하지만 좀 더 정확하게 말하자면 같은 먹이를 취하는 경우 먹이 지위가 같다고 하지요. 생태 지위가 같다는 건 공간이나 먹이 지위가 같은 것을 의미하기에, 생태 지위가 겹치는 서로 다른 개체군의 경우 경쟁을 피할 수 없습니다. 이런 경우 공존하는 게 어렵겠죠. 공존을 위해서는 공간적 지위와 먹이 지위 차이가 있어야만 해요.

1930년대 러시아의 생물학자인 가우스는 두 종의 짚신벌레를 배양하면서 단독배양과 혼합배양 결과 한 종이 전멸되는 것을 발견하고 '**경쟁 배타의 원리**' 또는 '가우스의 원리'라는 것을 주장했어요.

가우스의 관찰을 통해 우리가 알 수 있는 사실은, 생태계에 공존하는 서로 다른 수많은 개체군들은 생태적 지위가 다르다는 겁니다.

생태적 지위가 같기도 하고 다르기도 한 개체군들이 어우러진 군집에서 중요한 가치는 무엇일까요? 냉정하다고 느껴질 수 있겠지만 개체군의 이익을 극대화하는 것입니다. 군집 내에서 일어나는 개체군 간의 상호작용으로 피식과 포식, 공생, 기생 등이 있습니다.

피식과 포식은 서로 먹고 먹히는 관계를 말하는 것으로, 개체 수가 주기적으로 변하는데 피식자 개체군이 포식자 개체군의 생장을 조절하는 변인으로 작용한답니다. 그래서 다음 그래프를 보면 눈신토끼 개체 수 그래프의 기울기 변화가 먼저 일어난 후 스라소니 개체 수 그래프의 기울기 변화가 뒤따르는 걸 알 수 있어요.

미토콘드리아와 엽록체의 기원을 내부공생으로 설명한 진화생물학자 린 마굴리스는 공생을 '서로 다른 둘 이상의 종 사이에서 일어

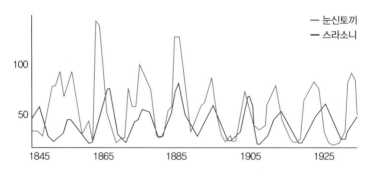

스라소니와 눈신토끼의 피식 포식 관계에 따른 개체 수 변동

나는 긴밀하고 지속적인 연합'으로 정의했습니다. 공생의 종류로는 서로에게 이익을 주는 **상리공생**, 한쪽에는 이익이 되지만 다른 쪽에서는 이익도 손해도 분명하지 않은 **편리공생**이 있어요. 공생과는 다르게 적극적으로 한 개체군이 다른 개체군으로부터 양분과 같은 이익을 취하면서 해를 입히는 건 **기생**이라고 합니다. 이렇게 다양한 상호작용이 모두 군집 내에서 개체군의 이익을 최대화하려는 전략이랍니다.

군집 내에서는 개체군의 변화가 지속해서 일어나는데, 군집의 성격을 결정짓고 변화를 선도하는 대표 개체군이 있어요. 그 개체군 종을 **우점종**이라고 합니다. 생태계는 우점종에 의해 무기 환경이 가장 큰 영향을 받으며 그에 따라 다른 개체군들은 적응하여 살게 됩니다. 생태계의 무기 환경에 크게 영향을 주는 건 주로 생산자이므로 주로 생산자가 우점종으로 분류되지요.

오랜 세월이 지나면서 군집 생산자의 변화가 일어나는데, 그 경향을 보면 일정 흐름이 있어요. 이렇게 군집이 변해 가는 것을 **천이**라고 합니다. 천이가 어느 단계에 있는지에 따라 개체군의 변화 속도가 달라요. 천이가 끝난 생태계에서는 개체군의 크기가 크게 달라지지 않지만, 천이가 한창인 생태계는 변화무쌍한 특성이 있지요. 아무런 생명체도 없던 공간에서 생명체가 출현하고 변해 가는 걸 **1차 천이**라고 해요.

1차 천이 중 황무지에서 시작하는 **건성 천이**는 이끼 식물인 이끼

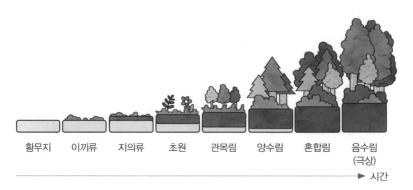

황무지 이끼류 지의류 초원 관목림 양수림 혼합림 음수림
(극상)

→ 시간

1차 천이

류나 조류와 균류의 공생체인 지의류가 가장 먼저 개척자로 등장하여 토양층을 형성하면서 초원이 생길 수 있는 바탕을 만들어요. 수목의 경우 키 작은 관목림에서 시작하여 태양 빛이 풍부한 환경에서 묘목이 잘 자랄 수 있는 양수림이 군집의 우점종으로 등장해요. 이후 숲에 의해 생긴 그늘로 빛이 적어도 묘목이 잘 자랄 수 있는 음수림이 서서히 등장하면서, 혼합림을 거쳐 최종적으로는 음수림에 이르게 됩니다. 그래서 음수림에서 천이의 마지막 단계인 극상을 이루게 되는 것이지요.

1차 천이 중 습지에서 시작되는 **습성 천이**의 경우 유기양분이 부족한 환경이 점차 유기양분이 풍부해진 후 습지식물이 자라는 습원으로 변하고, 이후 초원이 형성되면서 건성 천이에서 일어났던 천이와 같은 과정으로 일어나게 됩니다.

원래 생물 군집이 있었던 공간에 자연재해 등의 이유로 군집이 파

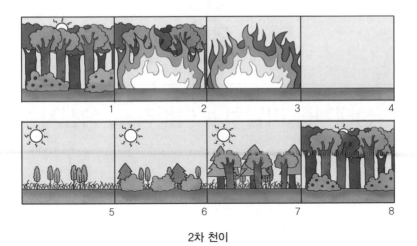

2차 천이

괴되고, 토양이 있는 상태에서 군집이 변화해 가는 걸 **2차 천이**라고
합니다.

1차 천이와 2차 천이의 가장 큰 차이점은 공간 내에 존재하는 유
기물량입니다. 유기물이 풍부하며 식물의 종자를 포함한 상태의 2차
천이는 그래서 초원부터 시작하게 되고 빠르게 진행되지요.

생태계를 떠받치는 아틀라스, 생산자

　고기를 좋아하는 하연이는 스스로 채식주의자라고 말하는 선영이로부터 "육식주의자는 경제적으로나 생태적으로 사치하는 사람이야!"라는 말을 들어서 기분이 상했어요. 고기를 좋아하지만, 채식주의자가 채소를 먹는 이상의 양만큼 먹지는 않는데, 괜히 억울한 기분이었습니다. 도대체 육식주의자가 무엇을 낭비하며 사치하는 사람이라는 걸까요?

　생태계에서 **생산자**의 역할은 빛 에너지를 모든 생물체를 먹여 살리는 유기물의 형태로 전환하는 거예요. 이렇게 생산된 유기물은 생산자 자신뿐만 아니라 먹이 사슬을 따라 이동하면서 호흡 과정을 통해 사용되고, 최종적으로는 분해자에 의해 원래의 무기물로 생태계에 되돌려지지요.

　생산자로부터 시작된 생물량은 먹이 사슬을 통해 이동하면서 점

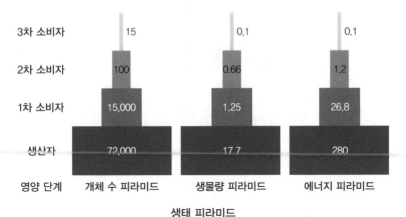

영양 단계	개체 수 피라미드	생물량 피라미드	에너지 피라미드
3차 소비자	15	0.1	0.1
2차 소비자	100	0.66	1.2
1차 소비자	15,000	1.25	26.8
생산자	72,000	17.7	280

생태 피라미드
영양 단계에 따른 개체 수, 생물량, 에너지를 피라미드 형태로 나타낸 것

점 줄어들게 됩니다. 먹이 사슬을 따라 변하는 **개체 수, 생물량, 에너지량**을 영양 단계에 따라 나타내 보면, 위 그림과 같이 **피라미드**의 형태를 띠게 됩니다.

이 그림을 해석해 보면, 3차 소비자의 개체 수 15를 유지하는 기반으로 2차 소비자 100, 1차 소비자 15,000개체가 필요하다는 걸 알 수 있어요. 그래서 육류 소비가 늘면 가축을 키우는 데 농작물이 매우 많이 필요하게 되고, 이에 따라 농작물의 가격도 함께 올라가게 되는 거랍니다.

물질, 생태계 내에서 모습을 바꾸다

"먹기 싫어! 김치 먹으면 나도 김치 되니깐 안 돼!"라면서 완강하게 김치를 거부하는 5살짜리 동생 소민이의 귀여운 반응에 지민이는 깔깔거리며 웃었습니다. 생각해 보니 김치를 먹으면 김치 성분이 내 몸을 구성하는 데 관여하는 것이니깐, 소민이의 말이 완전히 틀리지는 않았다는 생각이 들었습니다. 물질은 돌고 돈다는데, 내 몸을 구성하던 것은 또 다른 곳으로 이동하여 다른 것을 구성하게 되겠지요. 그렇다면 한때 아인슈타인의 몸을 구성하던 물질들이 지금 내 몸을 구성하고 있는 건 아닐까요?

지구에서 분자를 이루는 화학적 원소는 구성 형태는 변화하더라도 더 생겨나거나 소멸하여 사라지지 않습니다. 생태계 내에서 물질은 무기 환경과 생물 요소를 따라 영양 단계를 이동하면서 그 형태를 바꾸며 순환할 뿐이지요. 생태계를 구성하는 주요한 원소인 탄소와 질소의 순환과정을 보면서 생태계에서 물질이 어떤 방식으로 형태를 바꿔가며 이동하는지, 그 결과 어떤 역할을 하는지 알아보기로 해요.

먼저, 지각을 구성하는 비율로는 매우 적지만 생물체를 구성하는 비율은 매우 큰 탄소를 살펴보죠. **탄소**는 모든 생물체 및 유기 화합물의 기본 구성 물질입니다. 대기 중에 이산화탄소 형태로 존재하는 탄소는, 광합성을 통해 유기물의 형태로 생물체 내로 이동하게 됩니다.

생물체 내로 유입된 탄소는 먹이 사슬을 따라 상위 영양 단계로 이동하면서 호흡을 통해 다시 대기 중으로 돌아가기도 하고, 분해자에 의해 대기 중으로 돌아가기도 해요. 이렇듯 탄소는 생태계에서 빠르게 순환하고 일정한 양이 유지되고 있습니다. 탄소는 광합성과 호흡에 의존해서 순환하는 거예요.

하지만 과거에 유입되어 화석 연료의 형태로 지표 아래에 가둬져 있던 탄소들이 최근에는 인간의 활동으로 인해 빠르게 이산화탄소의 형태로 대기 중으로 이동하면서 지구 온난화와 기후 변화에 영향을 주고 있어요.

생물에 있어서 또 하나의 중요한 원소는 **질소**입니다. 생명체에 있어서 중요한 기능을 담당하는 단백질과 핵산을 구성하는 데 없어서는 안 되는 원소죠. 질소는 대기 중에서 약 78%를 차지하고 있지만, 무극성의 성질에 의해 물에 녹지 않으므로 생물체 내로 유입되기가 쉽지 않아요. 그래서 질소(N_2)의 형태에서 물에 녹을 수 있는 암모늄이온(NH_4^+)이나 질산이온(NO_3^-)으로 전환되어야 하며, 이렇게 전환되는 과정을 **질소 고정**이라고 합니다.

뿌리혹박테리아와 같은 생물체에 의해 일어나는 질소 고정은, 주로 대기 중 질소를 암모늄이온(NH_4^+)으로 전환하는 거예요. 대기 중의 방전과 같은 에너지에 의해 일어나는 질소 고정은 질소를 물에 용해도가 높은 이산화질소 등의 기체로 전환해 질산이온(NO_3^-)으로 전환하는 겁니다.

식물에 흡수된 성분은 질소 동화 작용 때문에 아미노산, 단백질, 핵산과 같은 유기물로 합성되고, 각 영양 단계를 따라 이동하게 돼요. 사체나 배설물에 들어있던 질소는 분해자에 의해 암모늄이온(NH_4^+)으로 토양에 유입되고, 탈질소 세균에 의해 질소(N_2) 기체로 전환되어 다시 대기로 돌아가게 되죠.

탄소의 순환에 비해 질소의 순환과정에는 많은 종류의 미생물이 관여한다는 것을 알 수 있습니다. 이렇듯 질소 순환은 박테리아에 의존하고 있지요.

에너지, 먹이 사슬을 제한하다

먹이 사슬을 공부하고 난 뒤 교실이 시끌시끌해졌습니다. 최종 소비자가 몇 차까지 가능할지에 대해서 의견이 분분했기 때문이지요. 3차까지, 4차까지, 5차까지, 아니면 훨씬 더 많이도 가능하다고 서로 우겨대고 있었어요.

이 모습을 보고 있던 한동이가 손가락을 꼽아가며 헤아려 보았습니다. 메뚜기-개구리-뱀-매, 토끼-여우-호랑이…. 생각보다 최종 소비자까지 많은 단계를 거치지는 않네요. 혹시 한동이가 모르는 단계가 있어서 6차나 7차까지 가능한 건 아닐까요? 아니라면 왜 그런 걸까요?

생태계 내에서 물질이 계속 형태를 바꿔가면서 순환하는 과정은 생태계를 구성하는 생명체들에게 어떤 도움을 주는 걸까요? 지구 전체로 보면 물질이 순환하는 과정에서 새로운 원소가 만들어지거나 줄어들거나 하는 변화는 없이 그대로 유지됩니다. 그런데도 생태계를 통해 물질이 계속 형태를 바꿔가며 순환하는 과정에서 생명체들에게 매우 크게 이바지하고 있습니다. 그것은 바로 그 과정에서 에너지가 이동하기 때문이에요.

생태계에 유입되는 에너지의 근원은 태양으로부터 유입된 빛 에너지입니다. 태양으로부터 매 순간 유입되는 막대한 빛 에너지는, 광합성에 의해 유기물로 형태를 바꿔 유입되면서부터 생명체들에게 매우 유용한 에너지로 쓰입니다. 지구로 유입된 빛 에너지 중에서 광합성에 의해 전환된 에너지가 영양 단계를 옮겨 가며 쓰이는 거죠.

획득한 에너지는 살아가면서 세포 호흡을 통해 사용되거나 열 에너지로 방출되고, 그중 일부 에너지가 상위 영양 단계로 옮겨갑니다. 그래서 상위 영양 단계로 갈수록 획득할 수 있는 에너지량은 급격히 줄어들 수밖에 없습니다. 그에 따라 상위 영양 단계로 갈수록 개체 수도 줄어들 수밖에 없지요. 그래서 4차 소비자, 5차 소비자까지 영양 단계가 높아질 수 없는 거예요.

- **생태계 구성 요소의 상호 관계**

   비생물적 환경 요인과 생물 요소 간의 관계는 작용과 반작용, 생물 요소 간의 상호 관계는 상호작용이라고 합니다. 작용은 빛에 의해 광합성이 일어나는 것과 같이 비생물적 환경 요인이 생물에게 영향을 끼치는 것을, 반작용은 식물의 광합성 결과 발생한 산소에 의해 대기 성분이 변화하는 것과 같이 생물 요소에 의해서 환경이 영향받는 것을, 상호작용은 생물 종간의 경쟁 때문에 한 생물 종의 개체 수가 줄어드는 것과 같이 생물 요소 사이에서 영향을 주고받는 것을 의미합니다.

- **생물에게 영향 주는 환경 요인**

   생물에게 영향을 주는 환경 요인으로는 대표적으로 빛, 온도, 물, 공기, 토양 등이 있어요. 특히 빛은 세기, 파장, 방향 등의 차이에 따라서도 생물에게 지대한 영향을 끼치는 요소라고 할 수 있습니다.

- **개체군의 특성**

  개체군은 같은 종이 일정 지역에서 사는 것을 일컫는데, 개체군의 특성을 알아보기 위해서는 밀도, 생장곡선, 생존곡선, 연령분포, 주기적 변동 등의 특성을 파악해야 합니다. 그리고 개체군의 종류에 따라서 개체군 내에서의 질서 유지를 위해 텃세, 리더제, 순위제, 사회생활, 가족생활 등의 상호작용을 하고 있어요.

- **군집의 특성**

  군집은 여러 개체군이 일정 지역에서 영향을 주고받는 것을 일컫는데, 군집의 특성을 결정하는 것은 생산자라고 할 수 있어요. 그래서 군집의 종류도 초원, 황원, 삼림 등으로 나눕니다. 군집은 여러 개체군이 모여 있으므로 서로 다른 개체군들끼리 경쟁하거나 분서(分棲), 또는 공생, 기생, 포식과 피식 등의 상호작용을 하고 있습니다.

- **군집의 천이**

    군집은 특정 군집에 머물러 있지 않고 변화하게 되는 데 이를 천이라고 해요. 1차 천이는 건성 천이, 습성 천이에 따라 각각 지의류와 습지식물을 개척자로 한 후 초원, 관목림, 양수림, 혼합림, 음수림의 순서로 천이가 일어나요. 자연재해 등의 이유로 파괴된 군집에서 2차 천이가 일어나는 경우는 초원부터 시작해서 천이가 일어나게 됩니다.

- **물질의 순환**

    생태계에서의 먹고 먹히는 관계에 따라 이동하는 대표적인 원소로 탄소와 질소가 있어요. 탄소는 공기 중 이산화탄소의 형태로 식물에 유입되는 것을 시작으로 먹이 사슬을 따라 이동하다가 호흡 때문에 다시 공기 중으로 되돌려지게 되지요. 질소는 공중방전과 박테리아에 의한 질소 고정 때문에 생물체에 유입되었다가 질화 작용과 먹이 사슬을 따라 이동하다가 탈질소작용 때문에 공기 중으로 되돌려지게 됩니다.

- **에너지 흐름**

  물질이 순환되는 것과 달리 에너지는 태양으로부터 지구에 유입되고, 생산자에게 그중 일부가 흘러 들어가게 되는데, 먹이 사슬을 따라 에너지가 이동하는 과정에 방출된 에너지는 다시 생태계 내로 유입되어 쓰이지 않고 방출되고 말지요. 따라서 생태계가 유지되기 위해서는 지속해서 태양으로부터 에너지가 유입되어야 하는 거예요.

Chapter

11

생물 다양성과 보전

노르웨이의 스피츠베르겐섬에는 언젠가 찾아올지 모르는 지구 최후의 날을 대비하고, 해당 작물이 멸종했을 경우 다시 재배해 부활시키기 위한 목적으로 종자 저장고가 설립되었어요. 전 세계에 보급된 모든 작물의 종자를 안전하게 보관하는 이곳은 노아의 방주에 비유해 '최후의 날 저장고(doomsday vault)'라고도 불립니다. 왜 전 세계는 인류 최후의 날이나, 멸종을 걱정하며 이런 대비를 하는 것일까요?

지금까지 발견된 생물 종들은 전체 190만여 종이며, 발견되지 않은 종까지 고려한다면 약 1,250만 종이 존재하리라 추정되고 있습니다. 얼핏 매우 큰 숫자라는 생각이 들지요. 이 중 몇 종이 멸종된다고 큰 문제가 될까요?

인간은 사냥과 같은 직접적인 개발, 외래종 도입과 같은 생물학적 파괴, 그리고 열대 우림의 무분별한 벌목과 같은 서식처의 파괴와 단편화의 세 가지 방식으로 생물 종의 존재 자체를 위협합니다. 인간이 생물 다양성을 무차별적으로 파괴하는 것을 두고 에드워드 윌슨은 우리 인간을 '환경의 비정상적인 암'이라고 했습니다. 인간이 암으로까지 비유될 정도로 환경에 있어서 중요한 생물 다양성은 무엇이고, 생물 다양성을 지키기 위해 어떤 노력을 하는지 알아보도록 해요.

만일의 사태에 대비하라, 유전적 다양성

아일랜드의 더블린에는 앙상하게 뼈다귀만 남은 사람들이 보따리를 부둥켜안고 슬픈 표정과 위태한 걸음으로 어디론가 향하는 모습의 동상이 있어요. 1997년에 세워진 이 동상의 제목은 '기근'입니다.

아일랜드에서 1845년부터 7년 동안이나 이어진 대기근은 영국과 지주들의 수탈 때문에 다른 곡식은 모두 빼앗기고 감자를 주식으로 할 수밖에 없었던 상황을 만들었습니다. 엎친 데 덮친 격으로, 감자 마름병의 유행으로 당시 전체 인구 800만 명 중 100만 명 이상이 굶어 죽게 되고, 100만 명이 아일랜드를 떠나게 되는 결과를 초래하였습니다.

감자는 씨앗을 심지 않고 씨감자로 쓰이는 좋은 감자알을 잘라서 심는, 일종의 영양생식 방법으로 농사를 짓습니다. 그렇게 자라난 감자들은 유전적 특성이 매우 유사할 수밖에 없습니다. 크고 맛있는 감

아일랜드 더블린 도심의 대기근 기념비(Famine-memorial)

자더라도, 특정한 감자 마름병에 취약하면 감자밭의 모든 감자가 그 감자 마름병에 의한 피해를 받게 되지요. 만약 감자의 종류가 다양했더라면 '전 국민이 거지였다'라는 표현까지 쓰고, '거리에 시체가 즐비했다'라고 할 정도로 비참한 결과를 가져왔을까요?

한 집단 내의 개체들 사이에 유전자 변이가 나타나 다양한 특성을 보일 때, **유전적 다양성이 높다**라고 합니다. 유전적 다양성이 높은 종은 환경 조건이 급격히 변하거나 감염병이 발생했을 때 살아남을 수 있는 생존율이 높습니다. 이렇듯 유전적 다양성이 높게 유지되어야만 생물 다양성이 시작된다고 할 수 있겠습니다.

이제야 깨달은 우리나라 생물 종 다양성

제주도로 여행을 간 재은이는 한라산을 오르면서 크리스마스트리 같이 신기하고 작은 나무들을 보게 되었습니다. 지나가던 등산객이 '구상나무'라며 그 나무의 이름을 알려 주었죠. 크리스마스트리가 제주도의 구상나무를 개량해서 만들어진 것이라는 얘기도 들었어요. 그런데 우리나라에 크리스마스트리를 들여오려면 로열티를 지급해야 한다고 하네요.

우리나라의 나무를 가져간 건데 우리에게 로열티를 내지 않고, 반대로 우리가 내야 하는 상황이라니…. 어떻게 이런 일이 벌어진 걸까요? 재은이는 좀 억울한 생각이 들었습니다.

먼저 **생물 종 다양성**이 무엇인지 알아보기로 해요. 생물 종 다양성은 생물 다양성을 이루는 세 가지 개념 중 하나이며, 생태계 안에 얼마나 많은 생물 종이 존재하는지 정도를 나타내는 개념입니다. 생물 종 다양성은 단순하게 생물 종의 수가 많다고 다양성이 높다고 할 수는 없어요. 일정 지역에 얼마나 많은 종이 균등하게 분포하여 살고 있는가가 중요한 지표가 되지요.

다양한 생물 종이 존재하기 위해서는 다양한 생태계가 있어야만 가능합니다. 지구상의 생물 종은 지역에 따라 다르게 분포하므로, 생물 종 다양성은 지역마다 차이가 나타나요. 육상 생물 종의 경우 적도 지방에서 극지방으로 갈수록 감소하는 경향을 나타내고 있어요.

1992년 리우에서 개최된 유엔 환경개발정상회의에서는 생물 종 감소의 가속화로 종 다양성 보전에 대한 국제적 공감대가 형성되어 생물다양성협약(CBD)이 채택되었습니다. 생물 다양성에 대한 인식의 시작이 바로 '생물 종 다양성에 대한 인식'에서부터 시작된 것이지요. 생물다양성협약은 생물 다양성 보전, 그 구성요소의 지속 가능한 이용, 생물유전자원 관련 이익의 공평한 공유를 목적으로 하고 있습니다.

우리나라는 1994년에 154번째 회원국으로 가입하였어요. 이후 2010년 10월에 나고야에서 개최된 생물다양성협약 제10차 당사국 총회에서 유전자원의 접근 및 이익 공유에 관한 의정서(일명, 나고야 의정서)가 채택되었고, 2014년 10월에 발효되었습니다.

나고야의정서는 해외 생물유전자원을 들여와 각종 제품 개발에 이용하려는 국가가 사전에 자원 제공국의 승인을 받고 일정 대가를 지급해야 한다는 내용을 골자로 하고 있어요. 과거 인류 공동자산이라는 인식이 강했던 생물자원에 대해 앞으로는 소유국의 권리를 인정하겠다는 것입니다. 이는 우리나라의 산업 분야에 불리한 결과를 가져오고 있어요. 전체 생물자원의 70%를 수입에 의존하고 있으므로 전 산업 분야가 손해를 볼 수밖에 없는 상황이라고 합니다.

한반도에는 10만여 종의 생물이 서식하고 있는 것으로 추정되고 있어요. 현재까지 이 중에서 4만 1,000여 종을 찾아냈지만 아직 갈 길이 멀다고 합니다. 혼란스러운 근현대사를 거치면서 생물자원에 대한 인식이 약했기 때문에 생물자원 확보가 늦어져 토종생물을 다른 나라에 뺏긴 사례가 많기 때문입니다. 학계 및 산업 분야에서 생물자원 확보를 위한 노력은 지속하고 있어요. 우리나라 고유의 생물종을 많이 확보하기 위해서는 다양한 생태계의 보전이 우선되어야 할 것입니다.

다양성을 잃은 생태계, 집 잃은 생물들

물도 풀도 없는 땅에 비쩍 마른 소 한 마리가 슬픈 눈빛으로 서 있
는 사진을 본 경호는 사진 아래에 쓰여 있는 설명을 보고 생각이 많
아졌습니다. 사진은 러시아의 옛 소비에트 정부가 목화산업을 위해
아랄해로 흐르는 물줄기를 바꿔 이곳에 '급속한 사막화'를 일으킨 결
과로 초래된 참담한 모습을 담은 것이었습니다.

경호는 브라질의 열대 우림에서 벌어지고 있는 일도 떠올렸습니
다. '땅 없는 사람'과 '사람 없는 땅'을 결합한다는 구호 아래 개발이
시작된 아마존은 엄청난 속도가 파괴되고 있었습니다. 두 세기가 지
나기 전에 거대한 열대 우림이 모두 사라질 것이라고 했습니다. 사막
이 늘어나고, 열대 우림이 사라지면 무슨 일이 벌어질까요?

생태계는 수많은 생물 종들이 오랜 시간에 걸쳐서 가장 안정된 상
태를 만들어 왔어요. 그 안정의 기반은 풍부한 개체와 다양한 종이

존재하는 것입니다. 생태계의 종류에는 사막, 삼림, 습지, 산, 호수, 강, 농경지 등이 있어요. 생태계의 종류가 다르면 서식하는 생물 종이 다르고, 그 내에서 일어나는 상호작용 또한 다양하게 나타납니다.

하나의 생태계가 사라진다는 것은 오랜 시간 만들어 온 그 생태계만의 생물 종, 유전적 특성, 특별한 상호작용들이 한꺼번에 모두 사라진다는 걸 의미합니다. 그리고 안정이 깨진 생태계는 격변 과정을 거치게 되면서 생물 종들과 인간사회를 지극히 위태롭게 할 수 있으므로 생태계의 안정성이 매우 중요합니다.

1971년 이란의 람사르에서는 물새를 보호하기 위해 물새 서식지인 습지를 보존하자는 람사르 협약이 맺어졌습니다. 우리나라는 1997년 7월에 가입하였고, 우리나라의 대표적인 습지인 창녕의 우포늪을 지키고자 노력하고 있습니다. 습지라는 생태계를 보전함으로써 생물 다양성이 커지고 있답니다.

생태계의 서식공간과 틈새가 점점 조밀해지면, 두 생태계의 인접 지역에 또 다른 특성이 생겨나면서 종의 다양성이 증가해요. 종의 다양성이 증가하면 생태계 공간과 틈새는 더욱 세밀해져서 더욱 다양하고 많은 종을 수용할 수 있게 된답니다. **생태계 다양성**이 생물 다양성에 끼치는 영향을 잘 말해 주는 것이지요.

이미 많은 생태계가 파괴되었고, 또 파괴되고 있어요. 그러므로 생물 다양성의 중요성을 깨닫고 되돌리고자 하는 노력을 시작하는 게 중요합니다.

사람에게 좋은 일? 사람만 좋은 일!

민혁이는 휴가를 다녀오는 도로 위에서 자동차에 치여 다리를 다친 채 방향을 잃고 도망가는 고라니를 보았습니다. 로드킬의 위기를 겪고 공포에 희번덕이는 눈빛을 한 고라니를 가까이에서 보면서 민혁이는 놀라지 않을 수 없었어요.

왜 고라니는 위험하게 자동차가 빠르게 지나다니는 도로를 향해 달려 나왔을까요? 새로 난 도로에서 어김없이 볼 수 있는 로드킬의 흔적들은 무엇 때문일까요?

지구의 생물 다양성은 매우 빠른 속도로 감소하고 있습니다. 생물 다양성을 감소시키는 원인 중 심각한 것은 자연재해가 아닌 인간 활동에 의한 것이에요. 서식지 파괴와 고립화, 불법 포획과 남획, 환경 오염, 외래 생물의 도입 등을 들 수 있고, 화석연료 사용에 따른 기후 변화도 중요한 원인으로 대두되고 있습니다.

그 중에서도 생물 종이 빠르게 감소하는 가장 주요한 원인은 서식지 파괴입니다. 벌채, 간척, 매립 등의 방법으로 생물들이 서식하는 공간을 없앰으로써 생물들도 함께 없애는 결과가 생기는 거예요. 그리고 넓은 공간을 파괴하는 것은 아니지만 도로 건설이나 철도 건설 때문에 자연적인 생물의 생태 공간이 분리되는 서식지 단편화가 발생함으로써, 생태계의 특정 공간에서 생활하던 생물 종들이 생활 공간을 잃게 됩니다. 평소 다니던 곳이 길로 변해버렸을 때 동물들이 그에 적응하지 못하고 도로로 나와서 봉변을 당하는 일이 발생하게 되는 것입니다.

생물들이 서식하는 환경 자체를 **오염**시킴으로써 생태계를 파괴하는 환경오염도 생물 다양성을 감소시키는 주요한 요인입니다. 다량의 오염물질에 의해 생태계가 파괴되는 사례뿐만 아니라, 소량의 오염원에 의한 경우라도 먹이 사슬을 통해 이동하면서 생물 농축 과정을 거쳐 상위영양 단계에 있는 생물체에 심각한 영향을 끼칠 수 있어요.

생물 종의 감소나 단순화에 영향을 주는 또 다른 요인으로 **불법 포획과 남획**이 있어요. 이는 단순히 해당 생물 종에만 영향이 있는 것이 아니라 먹이 그물에 커다란 변화를 일으켜 생물 다양성을 위협합니다. 불법 포획이나 남획으로 생물 종을 줄이는 것뿐만 아니라, 자연스럽게 일어나지 않는 생물 종의 유입도 생물 다양성을 위협하고 있습니다.

국제 교류가 늘어나면서 애완용이나 식용으로 도입된 외래 생물이 생태계에 방출되는 현상이 바로 그것이에요. 이 때문에 고유 생물종의 다양성이 감소하고 있어요. 외래종은 천적 및 경쟁 종의 부재로 서식지를 차지하고, 먹이 사슬에 변화를 일으켜, 생태계 평형을 파괴합니다. 생태계 교란 외래 생물로 지정 관리되고 있는 종으로는 큰입배스, 뉴트리아, 붉은귀거북, 돼지풀, 가시박 등이 있습니다.

최근에는 지구의 **기후 변화**로 식물의 개화 시기 및 동물의 산란 시기 등에 변화가 일어나는 자연적 교란도 생물 다양성에 위협 요소가 되고 있습니다. 대표적으로 지구 온난화에 따른 기후 변화로 화분 매개 곤충인 꿀벌 개체 수의 변화가 감지되고 있는 현상을 들 수 있어요. 꿀벌의 개체 수가 줄어들면 인간의 식량 생산에 큰 타격이 생깁니다.

이뿐만 아니라 지구 온난화에 따른 과일 재배지 지도가 빠르게 변하고 있다는 보고도 있어요. 과일만이 아니라 생태계의 다른 생산자들도 빠르게 변화를 겪고 있다는 걸 보여 줍니다. 급격한 변화는 생태계의 안정을 파괴하는 요인으로 작용하므로, 이에 대한 경계를 늦춰서는 안 됩니다.

속도를 느리게, 인간과 생물의 동고동락

'지구의 허파'로 불리던 아마존의 열대 우림이 개발 때문에 사라져 가는 일을 왜 막지 못하는지 답답하기만 합니다. 남미 사람들의 이기 심만을 탓할 수 있을까요? 당장이 아니라 미래 세대까지 자원을 함 께 누릴 방법은 없는 것일까요?

원인이 있고 그에 따른 결과가 있다면, 같은 결과가 생기지 않도록 원인을 통제해야 합니다. 생물의 멸종으로 인해 생물 다양성이 점점 줄어들고 있으므로, 생물 다양성을 보전하기 위해서는 멸종 요인과 생물 다양성을 감소시키는 요인을 살펴서 줄여야겠죠.

생물 다양성 감소 요인을 줄이기 위해서는 생물이 살 수 있는 서식 지를 보호할 뿐만 아니라 동물의 안전한 이동을 위하여 도로의 위나 아래에 생태 통로를 설치하여 단절된 생태계를 연결해야 합니다. 또 한, 야생 동식물을 불법 포획하거나 남획하는 것도 금지해야 합니다.

종 다양성을 감소시키는 환경오염을 방지하는 대책도 추진해야 하며, 외래 생물을 도입하기에 앞서 외래 생물이 기존 생태계에 미치는 영향을 철저히 검증해야 해요.

국제적으로는 1992년 유엔 환경 개발 회의에서 158개 나라가 생물다양성협약에 서명하였고, 우리나라 역시 생물다양성협약에 가입하여 생물 다양성 보전 활동을 펼치고 있습니다. 미국의 캘리포니아 콘도르, 일본의 황새, 우리나라의 반달곰 등 멸종 위기종을 복원하려는 적극적인 시도도 계속되고 있죠. 하지만 한 종을 멸종 위기에서 구하는 것보단, 훨씬 빠르게 많은 종을 멸종 위기로 내몰고 있다는 걸 생각해야 합니다. 보전 대책을 세우기에 앞서 인간이 생태계의 구성원이며, 인간과 생물이 공동체임을 인식하는 것이 우선되어야 한다는 뜻이에요.

1987년 세계환경발전위원회가 자원이 유한한 지구에서 인간이 생존하기 위해 나아가야 할 방향으로 제시한 개념으로 '지속 가능한 발전'이라는 게 있어요. 미래 세대의 욕구를 충족시킬 수 있는 능력을 위태롭게 하지 않으면서 현세대의 욕구를 충족시키는 발전을 뜻합니다. 황금알을 낳는 거위에게서 매일 매일 하나의 알만을 취하면 미래에도 황금알을 얻을 수 있지만, 욕심을 가지고 배를 가르면 뱃속의 알 몇 개를 더 얻는 것에 그쳐야 합니다.

지속 가능한 발전은 환경을 고려한 건전한 경제 발전을 의미합니다. 경제 발전, 사회 발전과 함께 환경 보전을 조화시켜 현세대와 미래 세대의 삶의 질을 향상하려는 의지의 표현이라고 할 수 있어요. 하지만 환경을 위한 조건 없는 개발 억제 강요는 문제가 있습니다.

선진국은 지난 시간 동안 개발을 통해 지나치게 잘사는 반면, 제3세계 국가들은 가난에 허덕이는 '부의 불균형'이 지구촌의 가장 큰 문제 중 하나입니다. 선진국은 지금과 같은 무분별한 개발을 멈추고 환경오염을 줄이고자 최대한 노력해야 해요. 저개발 국가들은 환경에 부담을 덜 주면서 편리한 삶을 살 수 있는 기술을 개발하여 삶의 질을 높여나가야겠죠. 이러한 생각에서 시작된 게 바로 **적정기술**이에요. 전 세계가 다 함께 고민하면서 평등하게 발전해 나갈 수 있도록 해야겠어요.

- **유전적 다양성**

    한 집단 내 같은 종 개체들 사이의 유전자 변이가 나타나 다
    양한 특성을 보이는 것을 유전적 다양성이라고 해요. 한 생물
    종 내에서 유전적 다양성이 클수록 환경 변화에도 생존율이
    높아지게 됩니다.

- **종 다양성**

    일정 지역에 얼마나 많은 종이 균등하게 분포하여 살고 있는
    가를 나타낸 것이 종 다양성이에요. 생물 종 수가 많다고 무
    조건 종 다양성이 크다고 말할 수는 없지요.

- **생태계 다양성**

    어느 지역에 존재하고 있는 생태계의 다양함을 생태계 다양
    성이라고 하는데, 특히 두 생태계가 인접한 지역에서 종 다양
    성이 증가하고, 그 결과 생물 다양성이 증가하게 되어서 생태
    계 다양성은 생물 다양성 증가에 큰 역할을 하게 됩니다.

- **생물 다양성 감소 원인**

  불법 포획과 남획, 환경오염, 외래 생물 도입, 기후 변화 그리

  고 서식지 파괴와 고립화로 인해서 생물 다양성이 감소하고

  있어요.

01 그림은 생태계를 구성하는 요소 사이의 상호 관계를 나타낸 것입니다.

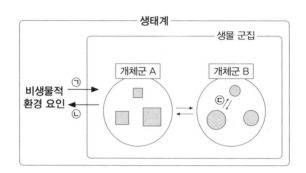

이에 대한 설명으로 옳은 것만을 〈보기〉에서 있는 대로 골라 보세요.

─〈보기〉─

ㄱ. 개체군 A는 동일한 종으로 구성되어 있다.

ㄴ. 지의류에 의해 바위의 토양화가 촉진되는 것은 ⓛ에 해당한다.

ㄷ. 분서는 ⓒ에 해당한다.

02 그림은 어떤 지역에서의 식물 군집의 천이 과정을 나타낸 것이다. A~C
는 각각 양수림, 음수림, 관목림 중 하나입니다.

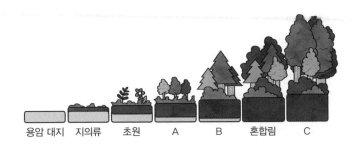

용암 대지   지의류   초원   A   B   혼합림   C

이에 대한 설명으로 옳은 것만을 〈보기〉에서 있는 대로 골라 보세요.

───〈보기〉───

ㄱ. A는 관목림이다.

ㄴ. 2차 천이를 나타낸 것이다.

ㄷ. 이 지역의 식물 군집은 B에서 극상을 이룬다.

03 다음은 생물 다양성의 의미를 설명한 자료입니다.

─〈보기〉─

(가) 어떤 생태계 내에 존재하는 생물 종의 다양한 정도를 의미한다.

(나) 생태계는 강수량, 기온, 토양 등과 같은 요인에 의해 달라져서, 사막, 초원, 삼림, 강, 습지 등으로 다양하게 형성된다.

(다) 동일한 생물 종이라도 색, 크기, 모양 등의 형질이 각 개체 간에 다르게 나타난다.

다음 중 (가)~(다)에 해당하는 생물 다양성의 의미로 가장 적절한 것은 무엇일까요?

	(가)	(나)	(다)
①	유전적 다양성	생태계 다양성	종 다양성
②	유전적 다양성	종 다양성	생태계 다양성
③	종 다양성	생태계 다양성	유전적 다양성
④	종 다양성	유전적 다양성	생태계 다양성
⑤	생태계 다양성	종 다양성	유전적 다양성

1. 생태계를 구성하는 요소 사이의 상호 관계를 보면 비생물적 환경 요인
과 생물군집사이에서는 비생물적 환경 요인이 생물군집에 영향 주는
작용과 생물군집에 의해 비생물적 환경요인이 영향 받는 반작용, 그리
고 생물군집 내에서 생물 상호 간에 영향을 주고받는 상호작용이 있습
니다. 그리고 생물 군집을 구성하는 개체군은 일정 지역에 거주하는 동
일한 종으로 구성된 무리를 뜻합니다.

   ㄱ. 개체군 A는 **동일한 종으로 구성되어 있습니다.**

   ㄴ. 지의류에 의해 바위의 토양화가 촉진되는 것은 반작용이므로 ⓒ에
해당합니다.

   ㄷ. 분서는 생물 간의 상호작용이므로 ⓔ에 해당합니다.

∴ **정답은 ㄱ, ㄴ, ㄷ입니다.**

2. 용암대지에서부터 시작하여 지의류가 개척자인 천이입니다.

   ㄱ. A는 키가 작은 **관목림입니다.**

   ㄴ. **1차 천이**이자 건식천이입니다.

   ㄷ. B는 양수림, C는 음수림으로 **C에서 극상을 이룹니다.**

∴ **정답은 ㄱ입니다.**

3. 생물 다양성은 유전적 다양성, 종 다양성, 생태계 다양성을 아우르는
   개념입니다. 유전적 다양성은 동일 종 내에서 형질이 개체 간에 다르게
   나타나는 것을 말하며, 종 다양성은 한 지역에서 존재하는 생물 종의
   다양한 정도를 말하고, 생태계 다양성은 다양한 요인에 의해 초원, 삼
   림, 강 등 다양한 생태계를 보유하는 것을 의미합니다.

   그 의미에 맞는 것을 연결해 보면 **(가)는 종 다양성, (나)는 생태계 다
   양성, (다)는 유전적 다양성**에 해당한다는 것을 알 수 있습니다.

∴ **정답은 ③입니다.**

한 번만 읽으면 확 잡히는
고등 생명과학

2021년 6월 2일 1판 1쇄 펴냄
2024년 4월 15일 1판 2쇄 펴냄

지은이 김미정
펴낸이 김철종

펴낸곳 (주)한언
등록번호 1983년 9월 30일 제1-128호
주소 서울시 종로구 삼일대로 453(경운동) 2층
전화번호 02)701-6911 **팩스번호** 02)701-4449
전자우편 haneon@haneon.com **홈페이지** www.haneon.com

ISBN 978-89-5596-910-8   44400
ISBN 978-89-5596-904-7   세트